拒绝平衡

每天只做最重要的 3 件事

PICK
THREE

[美]

兰迪·扎克伯格

（Randi Zuckerberg）————著

任泽坤 李怡敏————译

文化发展出版社
Cultural Development Press
·北京·

图书在版编目（CIP）数据

拒绝平衡：每天只做最重要的3件事 /（美）兰迪·扎克伯格著；任泽坤，李怡敏译. — 北京：文化发展出版社，2022.10

书名原文：*Pick Three*

ISBN 978-7-5142-2805-2

Ⅰ.①拒… Ⅱ.①兰… ②任… ③李… Ⅲ.①人生哲学—通俗读物 Ⅳ.①B821-49

中国版本图书馆CIP数据核字（2022）第153074号

PICK THREE,Copyright © 2018 by Zuckerberg Media Inc..

Published by arrangement with Dey Street Books,an imprint of Harper Collins Publishers.

著作权合同登记号：图进字01-2022-4003

拒绝平衡：每天只做最重要的3件事

著　　者：［美］兰迪·扎克伯格

译　　者：任泽坤　李怡敏

责任编辑：周　蕾

装帧设计：参考线Guideswork

出版发行：文化发展出版社（北京市翠微路2号　邮编：100036）

网　　址：www.wenhuafazhan.com

经　　销：全国新华书店

印　　刷：河北鹏润印刷有限公司

开　　本：880mm × 1230mm　32开

字　　数：159千字

印　　张：8.75

版　　次：2022年12月第1版

印　　次：2022年12月第1次印刷

定　　价：49.80元

Ｉ Ｓ Ｂ Ｎ：978-7-5142-2805-2

如有印装质量问题，请电话联系：010-82069336

献给布伦特、阿舍、西米，
我永远都会选择的三位。

前　言

　　能够见证优秀的你变得更加幸福、更加专注，也更加出色这一过程，我感到十分荣幸。"选三样"完全改变了我的人生，我为能够和你分享我的方法而感到非常激动。我允许自己每天只专注于做好几件事情，而不是事事兼顾（最终可能却一事无成），从而重新定义了成功和幸福，也摆脱了纠缠我多年的负罪感。现在，每天起床后，我都会对着镜子说："工作、睡眠、家庭、健康和朋友，选三样吧。"相信我，这真的有用！请阅读这本书吧，相信你会学到很多……

　　我希望看到你的选三样。在社交网络上发帖时，加上标签#pickthree#，或者 @ 我——兰迪·扎克伯格，让我知道你对自己有什么新的了解，你选了哪三样（我现在的选择是工作、健康和家庭），你想在哪些方面有所改进。这样，在追求完美的不平衡时，你就能做到心中有数。等等，你还没懂？请往下读……

目 录
contents

03　你自己的选三样

序　言

我宁可在激情中死去，也不愿在无趣中安眠。

——文森特·凡·高，荷兰画家

今年，我暗自发誓，不要再事事都感到愧疚了。因为自己无法一直完美（或是不曾达到过完美）而愧疚，因为我的穿衣打扮和身材并非最出色而愧疚，因为吃太多麸质食品或喝太多咖啡而愧疚，因为投资失利和职场冒险失败而愧疚，因为无法回复每一封邮件而愧疚，因为自己不是一个完美的母亲、妻子或朋友而愧疚。（光是列出这些不必要的愧疚，都让我累到不行。）

我深入思考：自己到底为何会把宝贵而稀少的时间浪费在为这类事情道歉上？结果我发现，其原因在于一种巨大的压力——"在同一时间内想拥有一切，想完成所有的事情，要获得一切成就"这个想法所带来的压力。无论是学生、父母、配偶、老板、员工、运动员、艺术家、企业家，还是身兼数职的人，所有人都无法做到面面俱到。人们总是说每件事情都要做到最好，从而让生活的各个方面达到某种崇高却不切实际的平衡。

我写这本书就是为了戳破这种幻想。我觉得全面平衡就像一个土生土长的苏格兰人跳爱尔兰吉格舞一样出格（"格"呼应苏格兰的"格"）。竭力保持平衡会导致以下三种情况：失败，不合理的期望，或者是更糟糕的平庸！这让人不寒而栗。

你爱的人，你拥有的激情，你想完成的事情，这三者不应该被你保持平衡的能力所限制——面对现实吧，如果你在一天24小时的时间里，一直努力冲刺，想把所有的事情都做完，那你是不可能做好任何重要或者有巨大意义的事情的，更别提这会让你有多大的压力了！

谈到全部都要，虽然我认同"越多越好"的人生哲学，但很遗憾，"全部"并不一定代表着更好。你尝试过拉斯维加斯一天24小时吃到饱的自助餐吗？凌晨3点，吃完10份餐之后，你还会觉得"全部都要"是明智之选吗？

无论你想在哪一方面取得卓越的成就（无论是你的事业、家庭、兴趣爱好、具体的一个目标，还是你的社交生活，任何方面），请把这一项放在你待办事项清单的最上面。日复一日，一直放在清单的最顶上。

万事兼顾？全面发展？不！通向成功，我另有一套理论。

有偏重地生活

我第一次接触"有偏重地生活"这个理念是在我申请大学的时候。在竞争无比激烈的纽约里弗代尔霍瑞斯曼高中，我是一个雄心勃勃、积极进取、冲劲十足的人。和所有纽约私立高中的学生一样，我认为人生的巅峰就在于考入哈佛大学（下文简称"哈佛"）。压力很大，对吧?！

问题是，我并不是那种人们一提到模范生就会被想起的人。因为有两门功课没通过，我已经留了一级。我的 SAT 分数不完美，也不是学生会主席，没创办过非营利组织，也没在大公司实习过。我们家和哈佛没任何关系，也从未向哈佛捐赠过任何东西。然而，我是一名戏剧迷。常春藤联盟，瞧好了，我张牙舞爪地来了！

从小到大，只要醒着，我每时每刻都在唱歌，或是在参加与戏剧相关的活动，尽我所能地参加活动。每个暑假，我都会与一家半专业的歌剧公司一起巡演。我每年都会参加各式各样的演出。在林肯中心参加歌剧彩排时，我开始了自己的独立研究。这也是我学期论文的写作基础。选修课程我选的是音乐理论，而不是微积分。十二年级那年，为了专心钻研音乐，我放弃了科学课。我的梦想是在百老汇演出。如果无法上台演出，那就在百老汇的运营上出一份力吧。

虽然家人都支持我和我的人生计划，但我觉得他们并不相信我能考上哈佛。我妈妈说，当我的高中辅导员辛格老师问她哪一所学校是我的首选时，她尴尬地低下了头。她不得不说出那个令她最难以置信的选择——哈佛大学，就好像我真能被录取似的。但是，妈妈依然带我去参观哈佛的校园，鼓励我追求梦想。当然，我爱上了哈佛。从它那绚丽的殖民地时期的建筑到它的传统和历史，我如此渴望这一切。

我们和一位招生负责人见了面。她说了一番话，让我这么多年（好吧，也没有多少年啦）一直不能忘怀。她的话成为这本书的基础——招生负责人说："兰迪，哈佛大学寻找两种人。一种是全面发展的人，另一种是有所偏重的人。全面发展的学生是课堂上的中坚力量，但让课堂变得生动有趣的，往往是有所偏重的人。"

"天哪，这不就是我吗？！"我当时这样想，"我就是有所偏重的那种人！"

九个月后，我收到了厚厚的印有哈佛压纹的一封信，里面装着我的2003级录取通知书！我和"有所偏重"的第一次相遇就取得了胜利！当时，我便下定决心，不仅要把"有偏重地生活"作为座右铭，还要传播其中的道理与智慧。

从我满怀热情、眼带热忱地坐在招生办公室的那一刻起，我便决定要追随我所热爱的事物，做一个有趣的人，尽可能以最好的方式深入了解事物——生活要有所偏重。

离开校园步入社会之后，我意识到自己需要一种方法来统筹我众多的事务，单靠一个工具类的应用软件已经不足以应付了。我有一大把业余爱好，工作压力很大，即将和丈夫结婚成家——我快被压力压垮了。我以为自己不得不向压力低头，忍痛割爱，比如放弃健身或者减少去剧院看演出的次数。正当这时，我想起了那位招生负责人关于"有所偏重"的那番话，于是萌生了一个想法。

什么都不必放弃！我暗自想。也许我不用事事完美，应该转而思考如何有所偏重！与其每天都想竭力做好每一件事，不如想想生活中有哪些主要方面（工作、睡眠、家庭、健康、朋友），每天选择其中的三项，专心完成这三项！这样的话，我就能做好这三个项目，明天再选三个不同的项目。久而久之，我既能得到很好的休息、身体健康、事业成功，又能感受文化熏陶，还能陪孩子！就这样，在哈佛大学（我甚至都没指望能被它录取）的招生会上，"选三样"诞生了。

压力大到濒临崩溃，肯定不止我一个人有过这样的体验，我们都肩负着世界的"重量"。其实，如果我帮你仔仔细细地看一遍你每周完成的事情，我可能会佩服到求你帮我在这本书上签个名！想想我们需要兼顾的各项事务，真的会被压得喘不过气来。

我每天大致需要完成以下这些内容，才算是"做完所有的事情"。

· 抚养两个儿子，教育他们成为努力工作、尊重女性的好男人。

· 和我的丈夫共度难忘的时光。

· 经营好我的事业，让所有人都开心。（在纽约，这可不容易。）

· 写书。（就是这本书。）

· 准备并主持我的天狼星卫星广播公司电台周播节目。

· 吃得健康。（星巴克推出南瓜香料拿铁的时候除外，但液体又不算食物，对吧？）

· 安排行程，我每年要举行 40 多场演讲和讲座。

· 安排人员在我离家期间照顾我的孩子。

· 因为出差、无法陪伴孩子们而感到愧疚。

· 经营家庭。（不过，我好像快要住在机场了……）

· 和家人联络。（很抱歉没给你打电话，妈妈！你现在在哪个时区来着？）

· 履行董事会和顾问委员会的义务。

· 为了给托尼奖和奇塔·蕊薇拉奖投票，每年都要看60多场百老汇和其他剧院的演出。

· 在社交网络上发帖。

· 看看其他人都发了什么帖。（结果发现他们过得比我好得多。）

· 回复雪片般的邮件和消息。（为什么收件箱旁边那个数字从来不减少？！）

· 告诉我自己："兰迪，你真的应该回复那封邮件。"（但其实心里清楚，只要再收几封新邮件，我就永远都不会再想起它。）

当然了，不能落下我梦寐以求的事项：

· 和一直都很想见面的朋友们见面。

· 保持身材。（哈哈！）

· 睡眠。（哈哈哈！）

· 洗澡。（请勿置评！）

如你所见，要是把这些全部做完，那也太累了，也许我就该爬回被窝，今天就这么算了吧。

不过，如果我把这张清单从"今日要做的事"变成"今年要做的事"，或者"三年内要做的事"，甚至"十年内要做的事"呢？这样一来，我就能每天选择做几件事情，全身心地投入，把这几件事情做到最好，这样就不用**一口气做完所有的事**了。

即便我要做的事情多如牛毛，我也觉得自己幸运极了。我有一个非常棒、非常贴心的丈夫，很多时候都是他在照顾孩子、操持家务；我在扎克伯格传媒拥有一个非常强大的团队，所有的事情在团队的运作下都能井然有序地进行；吉姆·汉森制片公司、环球影业儿童频道、创新艺人经纪公司、哈珀·柯林斯出版集团和天狼星卫星广播公司，我在上述公司中都遇到了非常好的工作伙伴；我的资金充足，可以雇到十分可靠的人来照顾孩子，而且我亲爱的朋友和家人们都很支持我。另外，就像我的一个朋友最近说的那样："你的孩子有多快乐，你就会有多快乐。"感谢上帝，我的两个儿子都健康、快乐。

事实上，多数时间里，我们都在衡量自己是否快乐。在家陪孩子玩，我们会更快乐吗？躲到健身房里运动一小时，会更快乐吗？还是坐在办公室写完报告的最后一段，我们会更快乐呢？我们会本能地追求生活中的快乐，但寻找平衡的压力却让我们如此苦闷。

2007 年的《全球幸福指数报告》中，在世界经合组织 30 个成员国中，美国排名第三。但先别急着高兴，不到 10 年，就在 2016 年，美国在 35 个成员国中的排名下滑至第 19 位。导致出现这种情况的原因包括社会保障减少、腐败增多（不予置评）。[1]

想让自己更加不开心？方法很简单，只需要看一眼你最爱的社交媒体平台。突然间，你就被所有人的完美生活所包围、轰炸：别人的奢华假期，别人的智慧火花迸发的读书会……会让你觉得每个人都活得比你好太多。你开始觉得自己不再是五分钟前你所认为的那个"忍者"了。当然，其实我们心里知道，大家都只是在网上装装样子，只会分享生活中最美好、最风光的一面，但我们依然会觉得有些失落。这种情况听着耳熟吗？

2016 年，皮特媒体研究中心调查了美国国内 1787 个年轻人关于 11 个最热门社交平台［Instagram（照片墙）、Facebook（脸书）等］的使用情况。与使用平台数量最少（0~2 个）的人相比，使用平台数量最多（7~11 个）的人患抑郁症或焦虑症的风险翻了三倍。在多个社交平台定期刷存在感（也叫"社交媒体多任务处理"），对一个人的注意力、认知能力和情绪有消极影响。[2]

此外，英国皇家公共卫生协会的一项研究报告表明，社交媒体会导致青少年焦虑、对社交上瘾、出现欺凌行为、深度抑郁和睡眠质量差。[3]2017 年，You.gov 网站的投票结果显示，26% 的美国人表示，若在社交媒体上收到一条负面评论，一整天就毁了。[4] 更可怕的是，发布负面评论的不一定是真人！自动发消息的机器人越来越多，决定你一整天心情好坏的可能是一个机器人"僵尸号"。

对社交上瘾、抑郁，在社交媒体上攀比，你会受其影响，我也是。但是，这本书并不是要给你讲这些令人不愉快的事情的。我写这本书的时候，心情真的是非常愉快的——美国幸福指数，接招吧！

从很多方面来说，我已经拥有了一切——集所有幸运标签于一身，但无论过去还是现在，我并非一直都很开心。总有计划赶不上变化的时候，大大小小的紧急情况总在最意想不到、最毫无防备的那一刻突然冒出来。作为一个神经质的犹太人妈妈，我总担心事情越顺利，就越会出现问题。我害怕水杯只装了一半的水却随时会溢出来。

我们总会碰到不同的情况和挑战。有的人是单亲父亲（母亲），有的人要同时做几份苦工才能实现经济独立。许多人必须克服生活中的各种艰难险阻。换句话说，你们中的许多人都是现实生活中的"超级英雄"。不是 DC 漫画书中的超级英雄，而是在现实生活中，你要为你爱的人挑起整个世界的重担，不管代价有多大。

无论我们面对的是什么处境，都会有一个共同点：平衡我们所需要、拥有和追求的一切，把所有事办得周全、妥当，会让我们感受到一种巨大无比的压力。不过，也许还有另一种方法。如果我们不时时背负着那么大的压力会怎样？如果我们每天只挑几件事，专心地处理它们会怎样？如果允许自己有所偏重，而不是竭力做到万事兼顾会怎样？如果我告诉你有一种方法，每次只需要专注在几件事上，长此以往，你就会更快乐（只要你最终把待办清单上的每一项都选个遍就好），会怎样？你愿意试试这种方法吗？准备好纸和笔吧，我要传授给你秘诀了！

工作、睡眠、家庭、健康和朋友，选三样吧

当人们听说我每年都会有大约一百天为了工作而在外奔波时，一般都会觉得很震惊。"你不想念你的孩子们吗？"当然想了！我又不是魔鬼。但我也热爱我的工作，让我最高兴的事莫过于与全世界的企业家、学生和怀有创新梦想的人会面。每当我出差、分享经历、结交新朋友、激励别人时，我都从中感受到了真正的快乐。但如果我时刻都想着要万事兼顾，那我可能就无法这样频繁地出门了。

对我而言，照顾家庭极为重要，它能给我极强的使命感和意义感。要是我不那么频繁地出门，可能我做妈妈的水平还能再提高些许，而我的快乐会大大减少。我对工作有着极大的热情，以及无比的自豪感，减少工作会降低我的自我认同感。要让自己从"不平衡"中获得最大的快乐，就需要权衡和取舍生活的各个方面。

我的孩子们知道我有多爱他们。我探索出了一种生活方式，能够让我做我热爱的工作，还能让我回到家后给我爱的人优质的、全心全意的关注。我不在家时，儿子的同学们的妈妈会帮忙照顾他们，她们给我发信息、发照片，告诉我这段时间内发生的事。我会因为经常不在家而自责吗？当然会。我正在跟自己打第 4,245,003 场拳击争霸赛，愧疚感已被我逼到了场边。我承诺过，不会再为无法完美地平衡工作和生活而愧疚，因为那根本不可能！现在我明白，只有允许自己时而偏重工作，时而偏重家庭，才能兼顾两边。

回首我过去 20 年的生活，所有让我骄傲、有收获、重要的时刻，所有等到我见重孙那一天想讲给他听的时刻，都是因为我允许自己有所偏重才拥有的。假如选了面面俱到，我便不会有今天，不会像现在这样快乐。感谢上苍，让我有所偏重地生活！

有所偏重地生活带给我的乐趣，有一半在于能让我一头扎进使我兴奋不已的事中。不管是工作、睡眠、家庭、健康，还是朋友，我都无法准确地预测未来会如何发展，但我有热情，也有知识，即便只尝试做一件事也很高兴。按自己的意愿轰轰烈烈、有所偏重地生活，不带愧疚感，不在乎别人怎么想、怎么说，不让自己被恐惧或失败吓倒，这样才能拥有真正的乐趣。

做一个有所偏重的人有很多种方法：有些是我们主动选择的，有些是因为情况超出控制，不得已而为之的；有些是出于为所爱之人考虑，有些是从反面思考，不把某一事情放在最优先的位置，而非从正面思考应该专注于什么。无论怎么选，都是合理的，都值得赞美。不平衡是没有对错之分的，只要你没有不平衡到影响健康和幸福，或者伤害爱你的人——虽然这种情况确有发生（我们稍后将会谈到这一点）。

在这本书中，我邀请到一些对"有所偏重"颇有心得的人，对他们进行了访谈。亚当·格里塞默医生是小儿器官移植外科医生，值一次班经常要工作 40 小时以上。我还和梅琳达·阿隆斯谈过，她辞去了在 Facebook 的高薪工作，转而全力投入希拉里·克林顿的总统竞选工作。我和丽贝卡·索夫聊过，她父母相继去世后，她决定化悲痛为力量，帮助因亲人去世而陷入悲伤的人。我和布拉德·武井谈过，他决定以协助他的同性伴侣乔治·武井成功为己任。我采访过列什马·索贾尼，在输掉两次选举之后，她意识到这对于了解自己一生的目的有多重要。

我将通过讲故事的方式来告诉你其他人是如何用不同的方式做到有所偏重的：一些是主动选择，一些是迫于形势。我会用我所有的技巧、妙招和生活窍门来武装你，让你变成最好、最有所偏重的自己。书后附有手册，供你跟进自己选三样的进度，进行自我监督。

从你翻开这本书的那一刻起，你便踏上了寻找答案的旅程：如何更好地确定优先次序，更好地集中注意力，更好地表现。你选择了另一条通向幸福的道路，我为你鼓掌。你看，关于如何有所偏重，你已经做得很好了！

"选三样"是我的座右铭、我的信条、我的人生驱动力，我很荣幸能与你分享。

让所谓的"平衡"见鬼去吧，让我们有趣地生活！让我们与众不同！

01

什么是选三样?

生活要有所偏重

所谓的"工作和生活平衡"根本不存在，一切值得为之奋斗的事物都会让你的生活不平衡。

——阿兰·德波顿，全球畅销书作家、演说家

我第一次大声说出"选三样"时，其实很受挫。那大概是我第一百次参加组会，主持人问我："兰迪，你要当妈妈，还有一番自己的事业。你是如何平衡这一切的？"当然，没人会这么问一个男性组员。这就好像是一个古老的秘密：让人成为伟大的父母的一系列能力（组织能力、长期规划的能力、耐力、创造力），也能让人成为伟大的员工或企业家（震惊吧）。

每当被人问到这个问题时（也就是每次组会时），大多数情况下，我都会咬紧牙关，挤出微笑，说一些如何平衡一切的陈词滥调。不过有一天，我实在没法攒足力气把这个问题敷衍

过去了。毫无察觉的主持人问我该如何平衡这一切时，我摇摇头说："我没有平衡。为了让自己成功，我知道自己每天只能做好三件事。所以，每天起床后，我都会想：工作、睡眠、家庭、健康和朋友，选三样吧。我明天可以选择另三样，后天再选不同的。但今天，我只能选三样。只要在长期范围内每一样都选到，那么我就是在平衡我的不平衡。它也能让大企业家摆脱困境。"

世界各大商业刊物立刻引用了我的话，"选三样"迅速蹿红。

后来，我才意识到，不是只有企业家会面对这种困境，而是每个人都会。无论你做什么工作、在哪里生活、责任是什么，不做出一点牺牲、拥有一点专注力和精力的话，就不能心想事成。随着时间的推移，我不再将其称为"企业家的困境"，而是将其改名为"选三样"。这样，此方法就变得更包容，也更具指导性了。

你生活中的五大要事（工作、睡眠、家庭、健康和朋友）可能与我的略有不同，但为了本书和之后的练习，让我们假设我的五大要事也适合你。

工作、睡眠、家庭、健康和朋友：详细分析

工作：你为之付出时间的项目，是可以获得回报的，回报可以是金钱、激情、成就感，或者是长期目标的基石。你所得到的价值感可能来自传统意义上的工作、令你充满激情的项目、学校的课程、实习和慈善活动等。你不断为之付出，是为了得到回报。

睡眠：这项令人讨厌的事情占了你一天30%的时间（如果你幸运的话）。

家庭：可能是原生家庭，也可能是你建立的家庭或者你选择的家庭。不一定是你血缘上的家庭，也许教会就是你的家，也许你有一个"现代"的家庭，或者一个非传统的家庭。如何定义生活中的家庭取决于你。

健康：虽然这个词让人不禁联想到哑铃和汗水，但对我来说，这个分类对应的是自身保养和健康这样更为广泛的目标：身体健康、心理健康、情绪健康、正念、压力管理和健康饮食。

朋友：这是我对所有有趣的事情的归类。说起朋友，人们通常会想到生命中最亲密的人，但在这一分类中，我还考虑到了业余爱好和兴趣——工作和家庭之外令我快乐的人和活动。

现在，五大要事已经确定好了，该进入有趣的环节了。

选三样

　　现在，到了残酷的排序环节。抱歉，上述五项不能都选——今天不能，任何一天都不能。如果你想做好你的事情，那就选三样，并且只能选三样。并且，哪怕一秒钟时间也别浪费——别因为浪费时间而愧疚，或者因为没选那两样而不安。因为明天你还有机会选它们，或者后天，又或者下个月——你总会选到的。

　　每一天，你都可以重新选三个项目专心去做。你可以选择与前一天相同的三样，也可以换换口味选择三个不同的，选择权在你手上。你也许会有一个工作日版的选三样和一个周末版的选三样，有一个夏天版的选三样和一个冬天版的选三样，也许你选的事项每天都在变化。无论怎么选，选三样都能让你在短期集中注意力和长期平衡之间做到最好。

　　我能听到你说："兰迪，我完全可以同时选五样！我可以和朋友们一起锻炼，在上班途中给妈妈打电话！健康、朋友和家庭，搞定！还能再完成其余两项！"我并不怀疑每隔一段时间或者某一两天，这五项你都能完成，但从长远来看，这样做是不可持续的。如果想把这五项都做好（关键词是做好，而不是做到），你会让自己彻底倦怠。同时面对五个领域，你无法保持高水准，大获全胜。当然，在能力范围内，你可以每天接触家庭、朋友、工作、睡眠和健康，但五件事全做——即使只维持一天，就意味着你可能在每一方面都做得缺乏深度。

我们时常听人说，不平衡不好，但我认为，实际上不平衡才是成功和幸福的关键。选三样的生活方式可以帮助你有所偏重，正确地生活（并保持心态正常）。如果你专注于你每天选择的三样，优先顺序变得完全可控，你允许自己卓越地完成这三件事，这种卓越对你的激励作用就会远超过几周的心不在焉。随着时间的推移，你每天选择不同的三样，于是奇迹出现了——平衡！好吧，其实这不是魔法，但当一天结束时，你知道自己不仅完成了计划完成的三件事，而且都完成得非常出色，那该有多好呀！

多年以来，挪威人深知这一点。根据《全球幸福指数报告》（是的，又来了），挪威在 2016 年度排名第四，2017 年度则是跃升至第一，紧随其后的是丹麦和冰岛。

你会问，为什么全是北欧国家？那里不是冷得要命吗？没错，但天气对幸福感几乎没有影响。这三个国家的共同点是六个关键指标——收入（工作），平均寿命（健康），家庭价值（家庭），自由（睡眠），信任（朋友）和慷慨（以上所有）的数值都很高。

选三样的方法

采取选三样这一方法时，有以下几个基本注意事项。

1. **你只能选三样**。虽然尝试更多的东西听起来非常诱人（毕竟文化越来越多元化），但请记住，质量比数量重要。工作、睡眠、家庭、健康和朋友，选三样吧。

2. **不畏惧，你明天还可以再选另三样**！没必要选完就后悔。选三样的美妙之处在于，你醒来又是全新的一天，也是一个全新的机会，你可以选择不同的三项，并专心完成这三项任务。

3. **不愧疚**！要不断提醒自己：不可能事事完美。允许自己做好所选的三件事，一秒钟都别浪费，别为没选择的事项感到愧疚。如果做不到，那就怪我吧。毕竟是我告诉你的，你只能选三项！

4. **做到最好**！如果你不想全力以赴地做好你所选的三件

事，那么选三样就没意义了。所以，选完之后请尽全力做得出色。

5.跟进你的选择。与其他监督系统一样，你需要记下你每天的选择，并时时回顾，以确保在一段时间内五种类别入选的频次大致相等。这样，选三样才最有效。记在纸上，记在手机上，或者用我们的选三样应用程序进行跟进，记下每天的选择。你可以更好地掌控自己的生活，能够更清晰地知道哪些方面有待提高。

我的选三样记录节选

请看我从自己的选三样日记中摘选出的一周的记录，想想你该如何选择、安排你的"选三样"。

9月4日，周一
选择：家庭，睡眠，健康

今天是劳动节（美国劳动节为9月的第一个星期一，放假一天），也就意味着即便别人没有收到我的回复，也没人会感到震惊、愤怒或失望。孩子们还没开学，我的公婆来纽约了。我选择家庭，这样就可以和我的孩子们以及丈夫一起拜访亲戚、享受时光了。选睡眠，因为我越活越年轻的公公和婆婆主动提出要早起陪着孩子们，这样我就可以睡个懒觉了。选健身，因为我和丈夫要绕着公园慢跑（睡足了觉之后的安排）。

好了！选三样完成！

9月5日，周二

选择：工作，朋友，家庭

一大早，我要在电视节目上讨论新的返校季应用程序和设备。我一直很喜欢主持的工作，但是为上电视做准备也就意味着我不会选睡眠，因为我必须在黎明时分醒来。我的好朋友艾丽卡来到我的工作室，之后我们喝着咖啡聊聊彼此的近况。与朋友共度时光，完成！之后，我前往办公室，我有大量的工作要做。工作已经出现两次了！及时回家，亲吻孩子们，为我6岁的儿子的入学第一天做准备，等我丈夫下班回家跟他聊天。

好了！选三样搞定！

9月6日，周三

选择：家庭，工作，健康

早上7点，我送6岁的儿子上校车。今天是他上一年级的第一天，这意味着睡眠无法入选（而且我绝不会错过儿子入学的第一天）。每周三，我总是一整天都在天狼星卫星广播公司，在第111频道商业电台上主持我的广播节目《和兰迪·扎克伯格一起各个击破》（厚着脸皮打个广告），所以我直接前往录音棚准备节目，问候嘉宾，然后直播节目。因为当天晚上我要搭乘飞机前往波士顿参加一个与工作相关的活动，所以我主持完广播节目后就回家，收拾行李，快速锻炼（120 个立卧撑跳），在去机场之前和儿子们共度愉快的时光（一起玩 Pokémon Go 游戏）。

好了：选三样下一关！

9 月 7 日，周四

选择：工作，家庭，睡眠

我在波士顿醒得超级早，为即将到来的重要日子做准备。（现在，我的公婆在哪里？）我要向 1000 多名商界专业人士和企业家发表关于数字时代的颠覆性技术，以及社交媒体和领导力的主题演讲，我需要早早起床准备。演讲非常顺利（松了一口气），之后，我给我的第一本书《各个击破》（又厚着脸皮打广告）签名。然后，去机场准备回家。等我回到家，已经筋疲力尽了，但是我要如约带儿子们出去吃晚餐。我送他们上床，然后瘫倒在床上。

好了：选……Zzzz（睡觉）

9 月 8 日，周五

选择：工作，朋友，家庭

工作任务无比繁重的一天。我一出差，回来的时候待完成的工作量总会翻倍，今天也不例外。会议接连不断，我一连开了六小时的会。但今天是周五，所以无论如何，只要我人在纽约，总是会及时回家，与家人共进安息日晚餐。我们家特别重视安息日。我们会点燃蜡烛，感恩、祈祷，围着桌子讲自己在这一周里心怀感激的各种事情。我们还会举行一个特别的美味祷告，因为安息日我们晚餐前可以吃甜点！谈论一些我们期待的事情！（写给自己：为什么选三样里没有甜点这个选项？）等孩子们上床、我们请的保姆到家后，我和丈夫去看了一场非百老汇的演出，和老朋友们见了个面。看完演出，虽然知道应该立即回家睡觉，但我们还是去爵士酒吧喝了杯睡前酒。这么快就凌晨1点了吗？！幸好我没有选择睡眠。

好了：选三样完成！

9月9日，周六

选择：家庭，健康，工作

在纽约，又是美好的一天。为了尽可能多地陪陪儿子们，我们选了非常喜爱的活动之一：踏板车！虽然碰到上坡时，不得不拖着他们走，但是选三样的"健康"和"家庭"一箭双雕！我们觉得这样锻炼之后，应该好好吃一顿美味的早午餐（与纽约的其他早午餐狂热者一起）。吃完早午餐之后，我便工作去了，在截稿日写完这本书。其余时间，我充分享受着电脑屏幕温暖的光。

好了：选三样大获全胜。

9月10日，周日
选择：睡眠，家庭，朋友

周日＝快乐日！我丈夫主动提出要早起带孩子，所以我可以睡懒觉了。太棒了！周日晚上，我们总会在户外烧烤，邀请一些朋友和他们的孩子一起参与。明天要出一趟差，所以我早早睡下，为明天做好准备。

好了：选三样搞定。

以上我是怎么做的？我们来总结一下：

工作：5 次

睡眠：3 次

家庭：7 次

朋友：3 次

健康：3 次

我很高兴我本周如此偏爱家庭，因为下周我要出差四天。也就是说，我只能等到下周末再与我的儿子们和丈夫共度时光。下一周，我会特别偏重工作，所以等我回来，我要优先选择睡眠、朋友和健身——尤其是我在出差期间无法顾及这几个方面。总的来说,我没有背负沉重的愧疚感或是压力,所以我觉得自己选得很棒。我成功、完满,最重要的是幸福地结束了过去的一周。

有了选三样这个神奇的咒语,我不再受到全部事情挤在一起式的待办事项清单的影响,没有自我谴责,也不会感到羞愧。你肯定会有同样的感受。选三样能让你更好地专注于所选领域,优先安排并完成任务。在一周结束之时,你可以回想一下你大部分的时间和精力都放在哪一个事项上了,最偏重的又是哪个方面。再总结一下接下来的几天,你有哪些地方想改变或者调整。

如果你知道你未来几天或几周会非常偏重某些方面,那么趁生活还没那么忙乱,趁你还不必睡上一整天或者工作一整天直到两眼昏花,现在就尝试选择其他方面。有一种偏重是你可以自由掌握的,也有一种是"救命!我一躺下就起不来床",谁都不想变成那样。

为了让大家了解选三样的原理,我想列举一些人使用选三样这一神奇咒语的例子,以证明每一天的选择都有规划性才是最好的。

艾　米

采取选三样的生活方式之前，艾米基本上和我们大多数人一样，她试图完成所有的事情来保持生活的平衡，最终却发现自己的精力有限，分身乏术。她一天选择了三个事项之后，还经常试着挤出时间去做第四项。一周后，她觉得压力太大了，感到筋疲力尽、疲惫不堪。以下出自她的选三样日志：

"周一：工作，家庭，健康。还有睡眠！我睡过头了，去了比平时晚一节的健身课。我赶紧冲过去，抓紧一切时间。但路上特别堵，所以我上班迟到了很久。这意味着我必须比计划中晚下班，同时也意味着今晚的特别家庭晚餐是不那么特别的外带食物。他们打包时漏了我儿子的墨西哥卷饼，结果我不得不掉头回餐馆拿。我到家的时候，孩子们都饿坏了。他们大发脾气，所以我晚上就让他们自己看电视，我在一旁处理电子邮件。也许明天会好一点儿。"

你发现艾米这一天哪里出了问题吗？没错，她选了四项：健身、工作、家庭和睡眠。因此，全出了差错。如果只选择三项，她就不至于上班迟到，能够享受健身课，而且还能早点到家，像她希望的那样和家人共度美好时光。相反，由于她多选择了任务，所以她哪一方面都没做好。

史蒂夫

史蒂夫偏向得有点过分，他过于看重工作，导致他经常只关注他的选三样中的两项——这样会有不良后果。我们来看看史蒂夫的选三样日志：

"周四：工作，睡眠，朋友。我即将迎来一个大项目，所以过去两周我每天都会选择工作。也许今晚我会试试凌晨1点睡觉，然后明天晚点起床，睡到6点45分，而不是6点30分。但很可能做不到——我的压力太大了，无论是睡着还是睡得踏实都太难了。我告诉泰伦，过会儿要和他一起喝杯酒，但是项目把我牢牢地"钉"在电脑前。自上周六以来，我一直在屏幕前吃外卖午餐和晚餐。我觉得自己已经胖了10磅（1磅约为0.45千克）！等这个项目结束，我每天都会选择健身！我讨厌这种感觉。"

我们一下就能看出，史蒂夫这是工作过度。他疲惫、烦躁易怒，吃得很糟糕，结果并不美好。他真的只专注于工作，放朋友鸽子，每晚睡不到五小时。缺乏休息、巨大的压力，加上不健康的饮食，史蒂夫已经筋疲力尽了。他想选择健康，却挤不出时间去运动。现在，他体会到过于偏重某一方面的后果了。史蒂夫需要召唤他的意志力，工作之外也要关心自己的健康，否则情况会越来越糟。

詹姆斯

詹姆斯是选三样大师——他的偏重程度恰到好处。这是詹姆斯的一天：

"周日：睡眠，健康，朋友。周末还剩一天了！我睡到 10 点，感觉精神焕发。我和我的自行车队一起骑了 25 英里（1 英里约为 1.609 千米），最后和几个车友一起吃早午餐，然后聊天。劳累的一天过后，我慢悠悠地冲了个澡，悠闲地看起了书。晚上，我看着 Netflix（网飞）上的节目，喝着葡萄酒，享受着宁静的夜晚，让自己做好准备，迎接忙碌的下一周。我知道本周我每天都得选择工作，所以我很高兴今天骑了这么远，因为我下周六之前都不得不放弃健康。到时候，我会保证自己睡眠充足，防止压力过大。"

詹姆斯已经领悟了选三样的精髓！他知道自己接连几天都会选择工作，所以他今天选了健康，用以弥补之后几天健康的缺席，允许自己在短时间内不平衡。他知道选择睡眠对控制压力水平有多重要，因此他优先考虑睡眠，同时结合朋友和健身，以确保两个目标都能完成。干得漂亮，詹姆斯！他是选三样大师！

现在，你应该知道了，不同的人如何利用选三样效果才会最好（或者最差）。有些人的工作比较灵活，每天真的可以选择不同的三件事。有些人可能觉得工作日固定选择，周末再另做安排更方便。找到完美的组合很难，但经过实践和自己记日志，你可以掌握选三样的秘诀，从有所偏重之中寻得快乐。

选三样研讨会

问问你自己：

你今天选择了哪三样？昨天呢？明天呢？

当前未入选的几项里，你想关注哪一项？

当你获得最值得骄傲的成就时，你选择的是哪三样？

你有没有频繁地忽视（或牺牲）某一类别？如果有，你是否经常感到内疚或自责？

"我要是更有钱或者更有时间就好了，这样我就能专心追求梦想了。"这句话听起来耳熟吗？要怎样抛开这种想法，今天就开始为梦想努力呢？

有没有哪一天你太过于偏重某一方面，甚至导致你无法兼顾其他两个选项？

记下你的答案，以便发现你的偏重模式、原因和领域。

有些时候，我们能够选择自己想专注的事项，而有些时候，外界不受我们控制的事情左右着我们的决定：年龄、职业阶段、财务是否自由、所处环境、文化和宗教影响、健康、教育、家庭压力——这些都是影响因素。

我读过许多关于如何让工作与生活达到完美平衡的书，这些书的作者似乎都假设每个人跟他们一样享有特权，从而让读者有挫败感。我不会这样假设。我知道有些人天生幸运，他们背后有人支持他们去发光发热。他们的家人充满爱心，全力支持他们，他们有追求梦想的方法和资源，而且他们身心健康。但有些人日常"战斗"里更多的是挣扎，而不是成就。努力活着的人都应该得到赞扬。有时候，我们必须将对平衡的追求减少到 Instagram 上的一个简单的标签——实话说，知足常乐。但也不尽然，我们还可以更好！

所以，仅仅简单地划分出五个类别、告诉你选择其中三个还不够，我还要确定可能让你有所偏重的情况和环境，告诉你如何让你确保自己走在通向幸福的道路上——条条大路通罗马，随便你走哪条路。

因此，来见见选三样的好伙伴：

全情投入者：想偏重哪一方面，他们为自己而选。他们目前所面对的情况很正常，做决定的时候有家人、朋友或社区工作人员帮助和支持他们。

排除者：有时候，知道什么不该做可以帮你做出选择。有些人更清楚自己不想做什么，而不是想做什么。把不想做的排除，就剩下他们想偏重和专注的选项了。

超级英雄：其实，他们并非真心想有所偏重，但由于突发情况（例如时事动荡、疾病或财务问题），他们突然被迫过上了有所偏重的生活。

革新者：他们原本是全情投入者，但遇到了重大困难。为了达到目标，他们不得不重新振作，调整方向。

获利者：他们利用我们对于工作、睡眠、家庭、健康和朋友等的基本需求，从中获利。借助他们的产品或服务，我们能更快地实现目标，取得更大的成就。

专家：遇到困难，大家的第一反应就是找他们。为什么工作、睡眠、家庭、健康和朋友在我们的生活中如此重要，他们知道的比我多得多。

你是哪一种？我相信，这些类型有许多方面能够引起你的共鸣（就好像即便你是摩羯座，也依旧能看懂关于白羊座的星座解析）。也许有一天，你的三个选择会非常与众不同，但请记住，有所偏重的方法没有正误之分。无论是自主选择还是形势所迫，选三样都能让你从精心挑选的关注点入手，战胜生活中的一切挑战。

说到挑战，就是说有所偏重地生活确实需要牺牲，不过，是有利的牺牲！你必须放弃每天都能完成一切的想法，必须心甘情愿地说"再见了，健身房，今天不行"，或者"我不带家人也要去旅行"，或者"大概只靠今晚四小时的睡眠活下去了"，又或者"今天不回复电子邮件"。同时选择工作、睡眠、家庭、健康和朋友，并做好每一件事情，这是不可能的。

要放弃某些东西，或者接受自己只是个凡人的事实，你会有些难受，但是我发誓，一旦你开始集中精力，按轻重缓急安排事情，选三样（一旦你允许自己有所偏重，而不是一味地追求平衡），你就会发现自己更快乐、更充实，并且能够在你所选择的事情上取得更多的成就。这一生活哲学完全改变了我的人生，等不及要见证选三样也改变你的人生！

02

五大类　工作、睡眠、家庭、健康和朋友

开始
吧

工 作

典型的上班族每周在办公桌前待的时间长达 40～60 小时——这么长时间！所以，重要的是找到一份适合你人生的工作。

——玛丽琼·菲茨杰拉德，玻璃门公司经济公关经理

说实话，坐下来写这一章的感觉有点像在做心理治疗。如果说我自己的选三样存在什么问题，那就是我总是想选择工作。如果我不是忙得要疯，或者在全球各地进行演讲，我会找到一种方法来发明新项目。我必须不断告诉自己少选工作，多专注于生活中的其他方面，特别是作为一个妈妈。我竟然承认了这样的事实，这让我非常内疚。

是什么驱使着像我这样的人不断寻找紧张的工作环境？为什么有些人一而再，再而三地偏重工作？当然，对于很多人来

说，工作只是为了按时领薪水。有些人从职业以外的关系和活动中获得了意义。

那么，为什么有些人会如此看重工作的意义，把工作当成自我认同感的一个关键部分？如果我们不那么做会发生什么？完全停止选择工作会有什么影响？如果我们改变优先事项，或者生活中的某些事情迫使我们多选几次（少选几次）工作，又会发生什么？思考这些问题的本质，对于理解工作在我们每个人的选三样目标中的作用至关重要。事实上，对我们理解自己也很重要。

我一直觉得成功的关键是努力工作。生活中没有任何捷径可以缩短工作时间，脚踏实地、热火朝天地投入工作中去吧！每当我看到别人成功时，都希望成功的人是我，这只会让我更渴望成功，让我更加努力地工作。

我并不是最近才这样的，从我记事以来，我一直是个勤奋的人。从我能说出"哈佛"这个词的那一天起，我就希望有朝一日能进入这所学校。这意味着整个初中、高中阶段，我都要用功学习。我父母为我提供了美好、舒适的教育环境，我上学的钱都是他们出的，所以我从来没有为学生贷款而焦头烂额。然而，我脑海中总是有一个唠叨的声音说："兰迪，你今生再也不能依赖别人了。努力工作，为自己争取，去赚到属于自己的钱。"

不管是写完作业之后在牙科诊所协助我父亲，在当地的桥牌俱乐部帮忙，还是以每小时5美元的报酬照顾我的弟弟妹妹和他们的朋友（作为四个孩子中的老大，这是有利可图的），我从来没有拒绝过工作机会。

仅仅我一个人工作还不够，我想让我的钱生钱。我的钱并不多，所以我请父亲给我讲解股票市场，这样我就可以投资了。我最终选择了三只股票：麦当劳（因为它很美味，每逢聚会，我都喜欢去麦当劳）；美国运通（因为我的父母有一张运通卡，父母用它给我买了很多酷炫的玩意儿）；还有，只是因为它的名字很酷，我选择了一只名为"谷歌"的新股票。你猜猜哪只股票的行情最好？

整个高中期间，我都在纽约威彻斯特的中央广场咖啡馆做餐厅服务员。我给本地学生辅导作业（一旦我被哈佛大学录取，我就能把报酬提高三倍）。还有，我被提拔为桥牌俱乐部的领班侍者。也就是说，除了工资上涨之外，我现在还得管理其他侍者。我尝到了做高层管理人员的滋味！

在大学里，当其他人背包去旅行、环游欧洲时，我却在工作。我经常同时兼职两到三份实习工作，其间，家教的工作也没有间断。我曾经甚至为了一个暑期工作的机会，拒绝了在世界著名的爱丁堡边缘艺术节上演出。我承认，这是一个艰难的决定。

毕业后，我直接开始工作，没有休息！我曾梦想过和朋友们一起出去玩，旅行，好好看一看纽约，但我没有，我只有一个长周末。周四从哈佛大学毕业，在下周的周一，我就开始在纽约奥美公司工作了。在奥美，我经常每天要工作 12 小时以上，但我并没有任何不满，因为我所知道的各行各业的朋友们都跟我一样。二十几岁的人仍然处于事业的"建设"阶段，如果你有远大的职业目标，那么偏重工作更是一种期望，而不是一种选择。

那时候，我依然有精力和我的朋友们一起出去玩，玩个通宵——每晚如此。我们住在这个不眠的城市，想充分利用这个优势。我第一次跟我丈夫约会时，我们都是 22 岁。我记得当时有这么一个观念，如果我们凌晨 4 点之前回家，那这一晚就逊爆了。过了几年，改成凌晨 2 点，然后又改成晚上 12 点。现在，我们每天晚上 10 点躺在床上，常常会想起当年为了装酷而给自己设定的时限，然后放声大笑。

我以为我在纽约的时候工作已经很努力了，但是如果你没在草创初期的科技公司工作过，那你对偏重工作就一无所知！2005 年，我搬到硅谷，在 Facebook 工作，这里完全颠覆了我对高强度工作的理解。

当时，Facebook 只有几十名员工，在一个中餐馆楼上的一间小办公室里办公。每个人都身兼数职，什么都要做。哪怕有些事情你不知道该怎么做，也要想方设法去完成。在创业初期，工作节奏快、强度大，工作氛围非常紧张。工作成了生活，二者不可分割，没有平衡。同事成了你最好的朋友、你的家人，你的一切。工作和生活混在一起，这意味着你无时无刻不在工作。创业公司往往由还没成家的年轻人主导，很大一部分原因就在于此。你必须三样都选择工作才能生存。

我告诉你我们以什么为乐，请别太震惊：增加工作使我们快乐。每隔几个月，我们就会举行员工黑客马拉松。我们会邀请所有人在办公室里熬通宵，为一个项目连续工作 12 小时。（这算是哪门子邀请？！）更有吸引力（不如说更有趣）的是，你埋头苦干的项目与你白天的工作可能一点儿关系都没有。你无法坐在角落里处理完工作邮箱里的未读邮件，也无法为即将举行的会议制作幻灯片。在连续 12 小时内，你要完成你感兴趣的项目，并有所创新。如果你第二天早上 7 点仍然没累趴下，还得向公司全体人员展示你的想法，然后以吃煎饼早餐作为奖励。

我知道你在想什么，而且你想得没错。工作间隙稍事休息，结果休息的方式就是另找活儿干？是的，这就是为什么创业公司的领导都是疯子！工作，工作，工作，永不休息，写在我们的 DNA 里。埃隆·马斯克经常提出一些新的方法：登月？快速横跨全美？免费的天然气？创立一家名叫"无聊"的公司？埃隆·马斯克可不是真的无聊！放松一下，哪怕一小会儿都有可能让竞争对手迎头赶上，你的公司可能会就此"终结"。是的，我们是为工作而工作，也为找乐子而工作。我不想吓到你，但如果你读这本书的时候想创办自己的公司，却没有这种心态，那你可要再好好想想了。对企业家来说，工作很有趣，我们的 Facebook 黑客马拉松就是有趣的体现。

我不想吹嘘，但我有两个特别引以为傲的黑客马拉松项目。第一个是名为 Feedbomb 的翻唱 20 世纪 80 年代老歌的乐队。Feedbomb 由 Facebook 的在职员工和已经离职的员工组成，在公司派对和慈善活动上都有他们的身影。我们的座右铭是：我们免费演出，绝对让你不虚此行。我们可能不是世界上最伟大的摇滚乐队，但我们非常用心（我们也翻唱过很多红心乐队的歌）。

第二个黑客马拉松点子，也是我最自豪的，最终被推广给20 亿人。其实，可能现在你的手机上就有，甚至你可能用过！它就是脸书直播。

我曾经（并且仍然）对数字内容和数字媒体之间的交叉领域充满热情。早在 2010 年，那时我们还不能随时在笔记本电脑上观看《权力的游戏》，Netflix 和亚马逊还没有花数十亿美元出品精彩的原创剧集，我花了很多时间研究能否让电视台在Facebook 上直播。我开始想象有这样一个地方：不只是大型电视集团，只要愿意用 Facebook 作为传播媒介，任何人都可以直接与他们的观众沟通。这个想法没有任何先例可参考，我径直奔向几家曾经与我顺利合作过的大型电视台，比如 CNN（美国有线电视新闻网）和 ABC News（美国广播公司新闻网）新闻台。但由于这个概念太超前了，我没能充分地解释，没能让他们接受这个想法，所以我到处碰钉子。不过，我没有放弃这个想法，而是改为自己动手做。所以，在紧随其后的一个黑客马拉松，我创建了"与兰迪·扎克伯格一起脸书直播"。

结果非常失败，只有两个人看了我的第一次直播——爱德华·扎克伯格和凯伦·扎克伯格，也就是我的父母。

我是如此沮丧，甚至没有熬完 12 小时，没向公司展示自己的想法。我放弃了，回到家，上床睡觉。

但皇天不负有心人，仅仅几周之后，我就接到了流行巨星凯蒂·佩里的经纪人打来的电话，说凯蒂想用我的脸书直播启动她的世界巡回演唱会。我差一点儿就要自我贬低我的创意了："抱歉，但这不是真正的电视节目，只是我做的一个小项目。"好在我忍住了，我自问道："兰迪，换成你的男同事，他们会怎么做？"他们会很期待见到凯蒂·佩里，会让脸书直播越做越好。

所以，我就让它成真了。2011 年 1 月，凯蒂·佩里的直播是第一次正式的脸书直播。有数百万人收看，她的世界巡演票几分钟就销售一空。从那时起，脸书直播成为真正的媒体渠道。每个人都想直播：明星、企业家、运动员、世界领袖……凡是你能想到的人——他们蜂拥到 Facebook 总部参与脸书直播。

然后，在 2011 年 4 月，我接到了白宫的电话。（除了电视剧《丑闻》的奥莉薇亚·波普之外，还有谁有机会这么说！）奥巴马总统想用脸书直播在市政厅与美国人民交流。实际上，他非常喜欢这个平台。后来，白宫每周用脸书直播公布重要信息，为大家及时提供全国各地重要事件的最新进展。

几个月后，我因脸书直播获得了艾美奖提名，但最终却输给了在海地的一条沟里做直播的安德森·库珀。（这次算你赢了，库珀。）最激动人心的是脸书直播为每一个人（超过 20 亿人）都准备了直播按钮。脸书直播从我利用空闲时间做出的一个小创意，一跃成为 Facebook 的关键模块。虽然我已经不在公司工作了，但每当我在时代广场看到脸书直播的广告，或者看到有人直接与粉丝和朋友交谈时，我都会为自己创造了一个全世界数十亿人都在用的东西而感到自豪。无意间，我将我的作品留在一家由另一位更为出名的扎克伯格家的孩子掌舵的公司。

就这样，脸书直播意外地做大了。它原本是我利用闲暇时间完成的额外之作，是工作之余的消遣，现如今，它的工作却变得如此繁重。我必须做出决定，是专注于主业，还是杂七杂八的副业，或者兼顾二者，忙到放弃生活。在创业公司，只有一个正确的选择：放弃生活。

那些年，我的字典里甚至没有"平衡"一说。如果你有机会为这样一个大获成功的项目工作，这个项目又是如此深刻地影响着各行各业和各种重大事件，你自然就不会考虑平衡这码事了。工作就是我的生活——连续七年，我昼夜不停地工作。每年，我都要因为工作去往 20 多个国家。在我生第一个儿子之前的那个周末，奥巴马总统要在我们的办公室里进行脸书直播，我为此连熬了三个通宵。

我喜欢在 Facebook 工作，但我开始意识到，在创业公司工作时，你没有自己的生活，你是在为别人的愿景而活着（即使那是家人）。伟大的领导者特别擅长让成千上万的人为他们的愿景激动，让他人把生活的重心朝着他们的愿景偏过去。但是，我无法放弃自己所热爱的事情和我追逐的梦想，鞭策我奋斗的并不是别人的愿景。

现在回想起来，表演艺术一直潜移默化地影响着我所有的工作项目，主要原因就在于此。首先，艺术只是在外围，就像我翻唱的 20 世纪 80 年代老歌的乐队 Feedbomb。我创建脸书直播有很大一部分原因在于，我个人希望为艺术打造一个新的媒介。

我曾经非常努力地想抑制我的艺术细胞。在硅谷，你应该百分之百投身于你的创业公司。如果没有，就会被视为一个虚伪的人——一个想当领导，却没资格当领导的人。而个人的兴趣爱好则被看作最令人分心的、不务正业的、自我放纵的、不必存在的。对女人来说，这些会被放大十倍，对一个姓扎克伯格（也就是我）的人来说，那就是会被放大百倍。那时，科技领域存在（现在仍然存在）严重的仇富心理。你创造的价值越多、建立的个人品牌越成功，所吸引的关注就越多，吸引到关注的结果就是会被外界打击。[5]

我就体会过，我越是努力，让我发愁的事就越多。博客上嘲笑"马克·扎克伯格的姐姐唱歌"的帖子铺天盖地。若想在科技领域做个成功的领导者，特别是女性，有顾问建议我"低调一点儿"。

但我不愿低调！难道我这么努力只是为了做个透明人吗？如此投入地工作却没有任何回报？我觉得，许多公司都有误区。很多人认为员工卖力地工作只是为了赚钱，所以如果慷慨地发奖金，员工就会一直满腔热情、埋头苦干，直到耗尽他们的热情。因为我们是人，我们努力工作并不都只是为了赚钱，而是有各种各样的原因：获得赏识、认同、归属感、几秒钟的美名、强烈的职业道德等。

综合以上几点，我一想到我夙愿清单上的第一项——能有机会在百老汇出演《摇滚年代》，就永远地离开了硅谷。

我的整个小学、初中、高中和大学的空闲时间，我都在抓住一切机会表演。我坚信自己能成为巨星！但是，生活从中作梗，一转眼我就三十出头了，和我的丈夫以及2岁的儿子住在加利福尼亚州郊区，从事科技领域的工作。我以为我早已错过了梦想。

但是，这就是梦想的有趣之处。有时，梦想会在你最意想不到的时候回到你身边。有一天，我突然接到了《摇滚年代》的制片人之一斯科特·普利山德的电话。他们正在为演出寻找"令人耳目一新"的元素，希望引入一位客串明星——一位科技人士。（天啊，这不就是我等了一辈子的那一刻吗？我立即想到……不好！如果他问我弟弟的联系方式怎么办？我会死的！）斯科特说有好几个人都推荐了我。你可以想象，我长舒了一口气，兴奋无比。他竟然让我当百老汇演出的主角！

唯一的小插曲？就在那个早晨，就在几小时前，我发现自己怀上了第二个孩子。

这是加利福尼亚州一个美好的二月天（好吧，加利福尼亚州的每一天都是美好的）。斯科特问我，几个月后我有没有空儿接这个角色，五个月或六个月左右。我迅速算了一下什么时候会显怀，二加六等于……

"这周一怎么样？"我建议道。

我喜极而泣，和丈夫简要地讨论了一下，咨询过医生。几天后，我就到了纽约市——丈夫和蹒跚学步的儿子被我留在了加利福尼亚州。我到纽约后，在百老汇首次亮相前彩排了八次，才在《摇滚年代》中饰演雷吉娜·康茨——正好是接到那个电话三周后。很难用语言形容这次经历，干脆直接叫它"我生命中最令人难以置信的时刻之一"。但是，并不是所有人都同意我的决定。

　　有几位顾问建议我不要在百老汇唱歌，要是我穿上闪亮的紧身衣离开硅谷，高声唱出"我们不接受"，可能在商界就再也不会受到重视了。你知道我是怎么想的吗？我不信。如果在我的选三样中，选工作就意味着我余生都要牺牲其他一切选择，那么这样做又有什么意义呢？我如此偏重工作，已经存够了"工作"额度供我在合适的时候专心做其他事，不是吗？我非常肯定在生命的最后时刻，我绝对不会这样想：真希望自己当时没在百老汇唱歌，这样我就能试着取悦那些永远不会对我满意的人了。所以，在花费了十年的时间为别人筑梦和打造愿景之后，我决定要全神贯注于自己的梦想和愿景了。

　　独立专业人士协会和自营职业者协会（IPSE）的一项研究表明，在900名自由职业者中，有86%的人表示，与从事类似工作的雇员相比，他们"对工作更满意，生活也更幸福"。[6]我离开Facebook后，创办了自己的公司——扎克伯格媒体，立即开始为自己出谋划策，代表自己发声，为自己工作。突然间，如何偏重、何时偏重都由我说了算。真是令人一身轻松、无比自由和兴奋。

尽管如此，我并不是在鼓动所有对工作不满意的人辞职。我知道不是每个人都会做出与我相同的选择，但当时对我来说这就是正确的选择。我想经营家庭，创立自己的公司。有所偏重可以帮你找到自己的幸福，但每个人的幸福都不完全相同，这取决于你的生活现状。让你幸福的方法可能是告诉老板你要辞职，也可能不是。（虽然我的确认为女性应该多创业！）

我清楚自己的经历，但我绝对不会说自己是工作专家，因此我请了真正的工作专家玛丽琼·菲茨杰拉德来帮忙，她是发展非常迅速的工作网站之一——玻璃门公司的经济公关经理。玛丽琼告诉我，做一个工作狂没有任何不妥，但她鼓励我将其重新定义为"以职业为导向"。然而，这当然并不意味着只关注工作，其他一概不管。"尽管以职业为导向并没有什么不妥，"她说，"但让你生活的各个方面保持平衡很重要！"她同意我的理论，有所偏重，不追求面面俱到，至少不是同时掌握一切。"当你的注意力需要集中在工作上，或者需要集中在生活的其他方面时，请给自己留一些自由支配的空间。"

事实上，她告诉我，我绝对不是唯一以事业为中心的人。玛丽琼与我分享了一项玻璃门公司的调查结果，美国人只休了约一半的带薪假。[7] 我也是其中的一分子。有一年，我其实获得了免费乘坐一周豪华邮轮的机会，它是工作项目的一部分——我却没接受！我连一周度假的时间都挤不出来。现在，我后悔得想踢自己。真是个傻瓜！但那时，工作似乎非常重要。有很多人依赖我，我觉得我走不开。

玛丽琼同意今天的兰迪（以及你们所有人）的想法：是的，我当时真傻。好吧，也许这不是她的原话，但她确实说过休假是创造力的关键。"抽时间放下工作很重要。在这一点上，美国的劳动者做得还不够……或者根本就没有，"玛丽琼说，"只有当我们真的有时间离开工作，真正放下工作去休息时，我们才会更有效率。"也许现在是时候把自己调成"斐济模式"了。

不停歇地拼命工作会导致工作效率大大降低。玛丽琼说，过度劳累对身体、精神和情绪的损害会影响工作质量。"如果每天工作10小时、12小时、14小时或者更久，你的效率会很低。我们的大脑需要休息，这样才能保持创造性、战略性和全面性。想办法提高效率，而不是只靠熬夜。工作更久并不一定意味着你就能干得更好，质量比数量更重要。"

玛丽琼，你能把这个道理告诉我的孩子们吗？他们可是最苛刻的老板！

其实，我们都要做选择，这样很棒。在我的选三样中，你可能会觉得我太过于偏重工作了。很多人希望摆脱劳动者的身份而不选工作，但不工作对有些人来说却是一种可怕的惩罚。玛丽琼说："工作与生活平衡的标准因人而异，必须有所偏重时，你的底线是关键。要了解你的极限，守住底线。"我完全同意。所以，我们都得选择适合自己的三项。

了解自己，了解自己的生活方式，了解自己对时间和精力的要求，可以帮助你确定三个选择占据的地位。

全情投入工作者

有些人会自主地选择偏重于工作，并非迫不得已，也不是环境所迫，他们优先考虑工作，通常是因为有着朋友、家人（或社区）的支持。

我对媒体所描绘的单身职业女性的形象感到非常沮丧，就好像我们这些疯狂的野心怪物都选择不结婚、不成家。我最不喜欢的流行语是："她40岁时醒来，发现自己忘了成家！"没有谁到了40岁却想着："天哪，我忘了生孩子！"

——梅琳达·阿隆斯，"为美国选希拉里"

广播媒体前负责人

在主演《摇滚年代》之后，我受邀成为托尼奖记者，在后台采访明星和演员——当时我怀孕五个月。我决定"站在科技的前沿"，分散大家对我肚子的注意力，所以我在走红毯时戴着谷歌眼镜（它声名大噪了15分钟——托尼奖的这一环节时长约为14分46秒）。我的独特元素是剧院加科技再加托尼奖，我的天！

在科技领域工作，是托尼奖的后台工作人员，同时像我一样是全情投入工作者，这样的人还有梅琳达·阿隆斯。梅琳达在Facebook做监督创意视频集成。那一年，她负责让托尼奖的获奖者在他们的Facebook页面上发帖，向粉丝们致谢。同为剧院和Facebook的爱好者，我们因此结缘。从那时起，我就成了梅琳达·阿隆斯的女粉丝。

梅琳达·阿隆斯尚未家喻户晓（只是时间问题），这正是吸引我——一个全情投入工作者跟她攀谈的原因。诚然，那几十位成就满满的知名人士的经历，我们听了一遍又一遍，但有数百万人热爱努力工作，对事业充满激情，以职业为导向而选择在生活中做出牺牲。我们大多数人永远不会像他们那样因工作而出名，从某种程度上来说，我们在选三样时会更加自由，因为我们的一举一动并非都在全世界的严密监控之下。

我很快就跟梅琳达产生了共鸣。她的工作压力一直都很大，但她并不觉得自己精神紧张。她只是想追求最好的，如果有哪件事她无法全力以赴，那她宁愿避而远之。即使是在私生活上，梅琳达也会为去哪个餐厅就餐、去哪里度假而苦恼——她事事都力求完美。

有些人可能把这称为"A 型人格"，她则将其称为"最优化思维"。为什么要浪费美餐一顿的机会，而去吃不美味的食物，尤其是你完全可以避免"踩雷"的时候？她将这种理念融入事业中，将自己的事业越做越好，她身边总围着一群各领域的顶尖人士。

梅琳达的职业生涯从《夜间新闻》开始，这一节目能重获人气，她功不可没。在那之后，她转投 Facebook。那时，Facebook 已经上市了，正是飞速发展的时候。梅琳达的事业蒸蒸日上。几年后，她辞掉了 Facebook 的高薪职位，加入了希拉里·克林顿 2016 年的总统竞选团队，担任资深管理人员，薪酬和福利并不是那么好。

没有多少人会像梅琳达那样，有勇气离开这么高的职位。她告诉我，接到希拉里·克林顿竞选团队的电话后，她有五天的时间做决定、收拾行李。一眨眼的工夫，她已经有了决定。在这么短的时间内，你真的抽不出那份奢侈的时间来权衡利弊，只能跟着感觉走。梅琳达一直是以自身的职位和所在公司的知名度来定义自己的，她并不是那种只凭感觉、毫无依据地决定任何事情的人。即使是选择一家餐厅就餐也不会，更不会如此草率地决定她的事业！然而，这时她发现自己面临一个充满风险的、关于她职业生涯走向的选择，而且没有时间翻查资料，没有时间与人促膝商谈，也没有时间权衡利弊。一个巨大的机会出现在你面前，在那种情况下，全情投入工作者必须知道怎样做。

梅琳达是我认识的唯一选择放弃科技企业紧张而繁重的工作，转而投入总统竞选过程更加紧张、更加繁重的工作中去的人。

梅琳达放弃了许多人毕生梦寐以求的工作，她豪赌了一把。只因为她知道，自己无法在这样一场里程碑式的总统竞选活动中安心地做个看客，而不是参与其中。如果参与竞选的是其他人，她便不会如此了。梅琳达告诉我，哪怕让她在竞选活动中做无聊而机械的工作，她都非常乐意，并会为此感到自豪。她告诉我："2016 年的总统大选是为国家的灵魂而战。"等到选举日那天，她醒来后对镜自问，不能让自己觉得没有全力以赴，不能让自己觉得没有像以往对工作那样专注，为想要的结果努力。

但是，有得就有失。梅琳达承认，要如此专注于工作，她就必须做出一些重大的牺牲。这就引出了每一位全情投入工作者在某一刻都会问自己的问题：**"值得吗？"**

（特别是考虑到她的候选人没有获胜，写到这里，我沉重地叹了口气。）

作为全情投入工作者，我们最大的优势和最大的弱点往往是同一件事。我们的热情和对成功的渴望驱使着我们在事业上攀升到令人难以企及的高度，但我们也因此而忽略了生活的其他方面。

"值得吗？"生活中有许多时候，我们都会这样扪心自问。当面对职业生涯中的重大改变时，我们更是会如此自问（正如梅琳达和我从 Facebook 分别跳到政坛和百老汇时那样）。对梅琳达来说，答案是肯定的，必然是值得的。即使大选结果并非如她所愿，她也为自己背负着巨大的风险、全身心地投入未知的领域而自豪。她说："我感觉终于自由了，我的自我价值不再是与知名公司捆绑在一起了。"

但是，如果你像她一样如此偏重于某一件事，就必须从大局考虑。而对于梅琳达来说，她之所以能忘情地投入工作，很重要的一个原因是，她生活在一个大城市，大城市里的人并不急着安顿下来。这种忘情的工作状态变成了一个许多人都再熟悉不过的恶性循环："你疯狂地工作，因为你还没有遇到合适的人。但是，正因为还没有遇到合适的人，你就更加努力地工作，以此来填补生活中的空白。"梅琳达告诉我，她真切地感受到职场母亲有多不容易。但与此同时，为什么没有人问她是否平衡？为什么"工作与生活如何平衡"这种问题只问有孩子的人？为什么她不急着回家看足球赛，就必须总加班到深夜？难道没有人意识到，她也想享受生活？

梅琳达持续焦虑的原因在于，她的选三样是由优先考虑自己的人为她决定的，而不是由她自己决定的。这加重了她想选择家庭的复杂感觉，只是不确定自己是否能成家。"我想生孩子，"她说，"我真的不想一个人。"

如今，梅琳达停下了她的事业，稍作休息。这是她工作以来第一次停工休息。极其紧张的竞选结束，竞选结果令人失望，她觉得需要一些时间来反思。但是，我觉得肯定不会很久，全情投入工作者绝对不会长期离开他们原来的工作领地。其实，当你读到这里时，她很可能已经重新回到高压、紧张的工作环境中了。但是，休息的这一年的确对她有奇效。我和她说话时，她看起来精神焕发、充满活力，而且很放松。她告诉我，在她的生命中，这是首次工作不在她的三个选择之中。她专注于朋友、睡眠和家庭。"我知道，听到一个我这个年龄还没有孩子的女人这么说很奇怪，但我最自豪的一件事就是我与家人的关系很好。"她说。

她还承认，她之所以会停下来休息，与年龄有很大的关系。她觉得她在20多岁和30多岁时所做的艰苦工作、多年的紧张投入和漫长的工作时间，给了她休息一段时间也不会被人说三道四的声誉和资本。等她准备好重回职场时，这也大大增强了她对自己能力的信心：能够马上变身为全情投入工作者。她告诉我，如果她现在二十几岁，就不会觉得自己能够休息这么长时间了。而且，她坦率地说："我不配。"

如果你与全情投入工作者有共鸣，那就太妙了！珍视你的事业，将它作为生活和身份的中心点。往好的方面说，你很可能会成就一番大事业！记住，倘若你一直偏重生活的某一方面，那么只需要再选两样即可。所以，你尽可能保证把工作、睡眠、家庭、健康和朋友均匀地选个遍。对于全情投入工作者来说，如果你揽下的工作超出了你的能力，那么热情很容易被耗尽——尤其是当工作就等于你的一切时。如果可以，尽量每周至少有一天不选择工作。

而有些人从未把工作当成头等大事，却也过得非常充实——他们选三样的方法是剔除不做的事情，用排除法来选择该偏重什么，将工作排除在必须选择的类别之外。

让工作更上一层楼（而不用累瘫）

如果你是一个全情投入工作者，想让工作更上一层楼，却不想在办公室里耗费很多时间，这里有一些小窍门：

成为思想领袖。如果想成为所在领域的专家，你就必须创造出有助于其他人的内容。幸运的是，在流行社交媒体网站上建立自己的博客或者写原创帖子都非常简单。可以评析行业当前的发展，写下你的点点思考或分享你自己的窍门。这是从明星员工变成所在领域专家的好方法，而且无须花费大量额外的时间（我知道你很忙，全情投入者）。我建议，每个月至少发一次或两次帖。

学习成为一个出色的演讲者。你可能是全世界最出色的员工，但如果不知道如何有效地、有吸引力地展示你的想法，你就会发现你的事业已经到了瓶颈期。我见过太多优秀的企业家，他们的演讲水平阻碍了他们筹集资金和招募优秀的人才。请一位演讲导师来教你，或者加入公共演讲小组，甚至学习即兴演讲课程，都有利于你为自己的创业公司筹款，有利于帮你拿下新客户，有利于让你的想法过审，有利于你飞黄腾达。

放心地把任务分配下去。全情投入工作者有一个共同点：喜欢事事亲力亲为。但是，如果不把小任务分配下去、专注于更大的战略任务，那么你的事业就会永远停滞不前。市场上有几种工具可以让你雇用虚拟助理来帮你完成基本的任务，让你有时间去做更具挑战性的任务。对家务和烹饪等任务进行成本／收益分析，你从这些任务中节省的时间决定着这些任务是否值得外包。

干脆地说"不"。这似乎有点儿违背常理（如果你承担了更多的工作，大家是不是会更佩服你呢），但学会在什么情况下拒绝，比答应更重要。当然，有些人很难拒绝（比如你的老板），但是你攀得越高，你面前会分散注意力的东西就越多，很多人希望你花时间帮助他们实现他们的目标。而你需要紧紧盯住你的目标，坚持不懈地专注于此。你自己做得越好，就越能帮到别人。

成为电子邮件忍者。我知道你可能有一大堆电子邮件要看，更不用说短信、推送和你各种设备上充斥着的其他消息。锻炼自己尽可能少用电子邮件沟通。如果你的日程安排允许，锻炼自己批量回复电子邮件，每天只打开几次信箱，而不是一整天都不断被邮件干扰。不必多说，涉及情感或者需要谨慎对待的远程沟通都应该通过电话、视频聊天或当面交流处理。

排除工作者

排除工作者指的是那些能够主动选择不偏重工作的人，退休、休假、在家中照顾别人等。他们可能知道也可能不知道自己想偏重什么，但无论如何，他们知道自己不想偏重工作，不希望自己被工作或职业绑住。

当时不像现在这样，动辄就对别人评头论足，不上班的女性比现在要多得多。我和我的好朋友都放弃了成功的事业，全心全意打理家庭事务。我非常同情那些试图在家庭和事业"两头烧"的妈妈，一边是要审理的案件，一边是孩子在呕吐，把她们折磨到不成人形。

————凯伦·扎克伯格，精神科医生和四个孩子的母亲

人们成为排除工作者的原因有很多：有些人觉得工作之外的领域在召唤他们；有些人发现自己的经济或生活境况要求他们必须在家中照顾别人；有些人已经辛勤工作多年，现在正享受着退休生活；有些人的配偶是全情投入工作者，这让他们有机会把精力投到家庭之中。

不管是什么原因，大多数人不想每天都选择工作。这很好，但仅仅是事业中场休息与长期的排除工作者是不同的，我真的想了解人们为什么会成为后者。

我所知道的最厉害、最聪明的全职家长就是我的母亲——凯伦·扎克伯格。对我来说，没有谁比她更对我有启发性——在"为什么有人会决定在选三样中排除工作"这个问题上，无论是排除一段时间还是永远排除。

我的母亲有望成为一名成功的医生。她曾作为毕业生代表致告别辞，并且是个真正的超级妈妈。尽管她读的是医学院，尽管她已有两个孩子，尽管性别歧视的言论在这个由男性主导的领域屡见不鲜，她仍然以优异的成绩毕业了。毕业后，她做

了几年住院医生。在医院里，她连值几周全夜班——只是为了摆脱白天缠身的工作，成为一名全职妈妈。在教育和培养孩子中投入了大量的时间和精力后，她意识到她不想选择工作，她想待在家里，专心照顾孩子。她知道，生活中会有人不喜欢她做的这个决定，或者会给她施加压力，让她不要放弃自己的事业，但她也知道这是她自己的生活，她不愿带着后悔生活。孩子还小的时候，她在医院值夜班，这已经给她留下了太多的遗憾。

我问妈妈：为什么那样做？为什么投入了那么多时间、金钱和汗水，却在即将成功之时放弃？问她有没有想过，如果当初坚守事业就好了？与妈妈坐下来讨论这些问题很有意思，因为我问她的基本是："为了我，你放弃了事业，值得吗？"我从来没有和妈妈这样坦率地谈过她自己的目标和愿望，包括她为了成为这样一个投入的母亲所做的取舍。

她说，生孩子之前，她也无法理解为人父母的想法，她不知道做父母是什么样子。她所认为的简单的决定（当然，她会重返工作岗位）变得相当痛苦和困难。她发现自己讨厌把孩子留给一个不熟悉的人，因此到了迫不得已的时候，她为了待在家里而放弃了事业。

母亲这一角色所产生的愧疚感有很大的负面影响。愧疚感使我们无法真正集中精力，为成功而雀跃，会削弱我们在选三样中的动力。每当我出差、错过我们的睡前例程时，作为母亲的负疚感都深深地折磨着我。在刚刚过去的母亲节，我穿着一件 T 恤，上面写着"世界上最 OK 的妈妈"，说得太对了。但事实是，做一个好家长并不一定意味着每一天都把家庭作为你生活中的首要任务。它只是意味着当孩子们在你的身边时，你要全身心地照顾好他们。

　　总而言之，我母亲似乎对她的决定很满意。毕竟，在她的照料下，我们过得都不错。但听到妈妈说在鸡尾酒会上被人评头论足，人们会与她交谈两秒钟，听到她说自己"只是一个妈妈"就快步走开，去与其他"更有用"的人搭话时，我还是有点难受的。似乎许多年以来，她的整个自我价值完全体现在她的孩子和孩子们的成就上。我问她是否有遗憾，她眼角湿润。她告诉我，她一直都以为自己会开一家私人精神病诊所。她对我说："当然后悔啊，但是如果人生再来一遍，我还是会毫不犹豫地这么选择。"太感谢你了，妈妈。

　　我问她，假设我们姐妹中有人说想追随她的脚步，像她一样做全职妈妈，她会对女儿怎么说。妈妈说她必须考虑一下。沉默了好一阵，她说："我会支持她们的决定，但我会强烈地鼓励她们继续做她们自己喜欢的事情，比如一项兴趣爱好，这样会让她们不仅仅有孩子的母亲这一单纯的身份。"

　　她也很快意识到，许多人确实发现家庭对他们更有意义，辞职这个决定对他们来说再正确不过了。"关键是要找到你所热爱的东西。对生活充满热情，找到努力的目标，你的生活就有了意义。"所以，如果像我母亲一样，你甘愿为你的家人奉献，那是一件美好的事情。

妈妈说，做全职妈妈最艰难的事情莫过于孩子长大了，带着孙辈搬到美国的另一边，从来不打电话，也不发短信（呃，她说的是谁呢？）。听到她这样说，我震惊了（还有点内疚）。她哽咽了一阵，解释道："做母亲这份工作是这样的——做得好就不再被孩子需要了。"我不敢苟同：无论你处在什么人生阶段，无论你在做什么，你永远都需要妈妈。

"看着孩子们长大成人，我为我的每一个孩子感到骄傲。我真是无法相信我是这样幸运。"采访结束时，我妈妈这样说。我只能说，幸运的绝对是我。我只能希望有一天，我的儿子们对我亦有同样的感受。虽然我不是排除工作者，但我和妈妈谈完后，我真正理解了为什么这么多人会做出这样的选择（还有，在我们快聊完时，我拿出手机向她证明我确实至少每两天与她联系一次）。

但是，如果你过去是排除工作者，现在你的想法变了，想再次开始工作，怎么办？当然了，在很多情况下，有这样的选择是合理的。孩子长大了，财务和婚姻状况发生了变化，有机会拂去硕士学位证书上的灰尘，重新步入职场，这种做法突然变得大受欢迎。

《哈佛商业评论》发表的一项研究称，37％有相关学历的女性长期离职。在这些女性中，只有40％的人再次找到全职工作，23％的人找到兼职工作，7％的人自主创业，30％的人则不再回归职场。旨在帮助女性重归职场的猎头公司Après的联合创始人兼首席执行官詹妮弗·葛夫斯基表示，300多万拥有大学或大学以上学历的女性正在找工作。[8]

最近，在我的天狼星卫星广播节目中，我请到了詹妮弗当嘉宾。在节目中，她向重新把工作纳入三个选择的家长们提出了建议。"人们应该坦然地接受职业空档期，"她告诉我的听众，"别逃避简历空白。我们知道的！没关系！"

詹妮弗为了做全职家庭主妇，放弃了美国职业棒球大联盟副法律总顾问的职位（高级职业女性）。詹妮弗怀着热情重返职场，创建了自己的公司。她说，企业不够重视生活这所学校的意义。"生活经验很重要！我现在能做到的比35岁时要多得多！"

对于那些认为自己可能需要做一阵子排除工作者的人，詹妮弗提供了一些很好的建议。例如，如果你需要暂别职场一段时间，并且还有一丝概率会重返职场，那么重要的是要考虑如何保有一技之长，保住职场的立足点。同时，詹妮弗提醒各位，有一定的技巧和人际关系会更有价值。听到她说这番话时，我很震惊。她说："如果你的简历上写了家长教师协会会员，那它基本上会被直接扔进垃圾桶。但如果你写了'我为本地学校筹集了 10 万美元'，那么这项技能可以转而用在任何商业环境下。"

生下小儿子后，我决定休假一段时间——整整三个月。要知道，我之前连三周假期都从来没有休过，这让我觉得极其奢侈。我知道正常来讲应该休假，但那就是另一本书的另一个主题了。

自发地从工作中脱离，休息很长一段时间，这对于像我这样的工作狂来说有点陌生。外加我当时是在为自己打工，所以休假就等于没有客户，就等于没有收入——Après 的詹妮弗·葛夫斯基离开美职棒联时也是这样。

詹妮弗说，决定离开职场时，做决定一定要谨慎。以你目前的薪水可能请不起全职保姆，所以你待在家里会更好。但是，不要忘记随着时间的推移，薪水会提高，加上各种福利，如医保、养老金等也会增加。现在挣这么多薪水，你可能察觉不出有什么区别，但詹妮弗奉劝道："未来资金的指数型损失非常可观。"而且，可能需要好多年，你才会发现。所以，下定决心做排除工作者之前，你要清楚自己将要面临的处境。

强迫自己休产假前，我一直在与天狼星广播探讨如何开办我的商业脱口秀。他们提议在我家装一套录音设备，这样就可以在休假期间开播了。经过一番思考后，我意识到这是让我保住职场立足点的完美方式。与此同时，我也能专心照顾新生儿了。太棒了！

只需要每周做一小时的电台节目，就足以让我及时了解最新的商业新闻和趋势，保持在人际关系中的存在感。思考一下，为了让对话进行下去、与他人保持联系，你能做些什么。这对未来非常有利，特别是如果你未来还想利用那些关系网。可能让每个人都开办自己的电台节目不太可行（但是为什么不呢？iTunes 商店中有超过 100 万个播客），詹妮弗建议，每周至少安排一次人际关系会面或者打电话。通过写博客，或者与非营利组织积极联络，又或者维护一个职业用的账户来保持立足点。

我要对那些了不起的男性排除工作者和看护者说：有关职业空档期以及如何重新进入职场的建议适用于每个人，不仅仅针对女性。皮尤研究中心的一份报告称，美国约有 200 万名父亲在家工作。[9] 其中 21%（约 42 万名男性）称，他们在家是为了照顾家庭。这个比例比 1989 年增长了四倍。当时只有 5% 的男性称，他们因全职护理而在家工作。所谓"全职主夫"，男性肯定不会缺席，我们向你们致敬！

如果你对排除工作者有共鸣，无论是像詹妮弗这样暂时放弃还是像我妈妈那样永久放弃，我都要向你脱帽致敬。能遇到你，你生命中的人很幸运。排除工作的美妙之处在于，你在人际关系上经常能得到丰厚的回报（我妈妈是我最好的朋友之一），从而产生了无价的永恒价值。

我想提醒排除工作者——特别是采访完我妈妈和詹妮弗之后——要确保你的自我认知和自我价值不会太过依赖其他人。无论投入多少爱、时间和精力，我们都无法控制别人的行为或者期待他们会有多感激。我妈妈和詹妮弗都反映出这样的情绪：对于排除工作者来说，至关重要的是拥有自己的事情或爱好，或者与专业人员保持联系，哪怕你未来只有一星半点儿会重新偏重工作的可能性。正如詹妮弗所说："要明白你所做的一切的代价是什么。保持职场立足点，每周都做点什么来维持你的职业性。"

我妈妈是个典型的纽约客，讲话非常直接。她说："如果你没有属于自己的事情，别人就会觉得你无趣，也不会想和你联系。"而且，如果你真的决定重回职场，不要拖延——马上开始吧，有行动才能遇上好机会。

留一扇门

许多人在职业生涯中都有需要稍事休息的时候，有时只是短暂地休息一下，有时是休息一段相当长的时间。如果有那么一丝可能，未来有一天你想回到职场，那么你可以采用以下几种方法来保持你在职场的立足点。如果你决定重拾工作，以下几点会让这一过程更加容易。

阅读，大量阅读。了解时事和行业趋势，这样与业内人士谈话时，你会显得更从容。如果你对正在阅读和学习的内容非常感兴趣，那么尽量偶尔写写博客文章，或者根据兴趣和专业知识开创自己的播客。

和他人保持联系。确保不会与前老板和前同事失去联系，你有朝一日可能需要他们做推荐人。确保你至少在社交媒体上与职业关系网保持着一些联系。逢年过节寄祝福卡片给需要联系的人，每年至少打一两次电话寒暄一下。

做志愿者。不过，要做得有战略性。要看你希望与哪一行业保持联系，大家认为某些志愿者活动比其他活动更具普适性。

紧跟科技。你所在行业的科技是否一直在变？确保自己与时俱进，即使这需要参加课程或找人辅导。你跟得越紧，重新进入职场的压力就越小，就不会因为所有工具完全改变了而苦恼。

再次成为实习生。不要害怕无薪、临时或兼职的工作。也许你的孩子今年夏天要去露营？也许你早上有一些额外的时间？也许你可以离开家工作几小时？一些公司有更正式的"重返职场计划"——为重返职场的人提供实习方案。

工作革新者

工作革新者指的是由于遭遇挫折，不得不重建并重新调整职业计划的人。

失败可能是一种福气。我都数不清这是我第多少次勇于尝试了。选举失败就是一件礼物。我没死，而且我活得足够真诚。这并不意味着没有后果，但我不会觉得自己是两面派。

——列什马·索贾尼，"编程女生"创始人

在事业中重塑自我可能会很艰难，有时无论你做什么，无论你怎么努力，都只会接连碰壁。离开 Facebook 之后，有一种很强的不安感萦绕着我。我担心，如果不再和世界上最著名的跨国公司扯上关系，就没有人会在意我。除了某人的姐姐，我还有其他身份吗？

几周前，我在美国全国广播公司财经频道讨论一个即将推出、令人兴奋的新项目。这个项目和 Facebook 完全没有任何关系，然而主持人介绍我时说："马克·扎克伯格的姐姐今天来到了演播室。"我回应说："对不起，我还没有正式把名字改成'马克·扎克伯格的姐姐'，所以请叫我兰迪。"我花了几年的时间才把生活从西岸移到东岸，并且取得了一些成就，但现在我真的有信心欣然接受自我重塑了。

我们大多数人都在重塑自我的某个阶段。也许这就是你在读这本书的原因——学习如何更好地调整你的事业结构，重塑你的生活，给生活的列车换挡。世界变化如此之快，有些人将自己的整个职业生涯奉献给了一家公司，却突然发现，一旦公司的业绩下滑，他们就会被淘汰下岗。选择安全的铁饭碗工作的人现在明白了，科技时代没有哪个岗位绝对安全。这个世界充满了干劲十足、雄心勃勃的人，他们不得不成为工作革新者。

以"编程女生"的创始人列什马·索贾尼为例。2010年，我第一次见到列什马。当时，她正在竞选国会议员。事实上，我第一次给政治活动捐款就是捐给了列什马！虽然她没有赢得那次选举（之后，她竞选纽约市公共议政员也未成功），但她对社区领导和变革的热情一直熊熊燃烧着。能够支持这样一位雄心勃勃的年轻女性，我感到很自豪。

在如此短的时间内连续两次选举失败，很容易让人感到身心俱疲。如果是普通人，在碰壁、遭到公众拒绝这么多次之后也就放弃了，但幸运的是，列什马不是普通人。她坚守自己的决定，通过公共服务回报社会，并且能够在我见过的最精彩的行动中重塑自我：创办"编程女生"。这个非营利性组织教授年轻女性如何编程，让更多女性得以从事计算机方面的工作。不管从哪个角度来看，列什马都是真正的工作革新者。

两次选举失败后，列什马的事业迎来转折。她开玩笑称，那甚至不算是选择。采访中，她说每次她竞选活动失利，都会发现"编程女生"发展得更好了，她觉得自己越挫越勇。她最初的计划是让别人经营该组织，而她自己依然从事公共服务工作。"但我猜上帝的计划并非如此，其他人也不打算这么做。"列什马承认，"我输掉公共议政员竞选，被所有计算机科学课拒之门外之后，我说：'去你的，我自己来也罢，我要掀起一场轰轰烈烈的运动。'"许多人会退缩，但列什马从她失败的痛苦中创造出的东西超出所有人的预期，她取得了更多成就。

列什马说，几年后，她终于可以承认输掉选举就像是天赐之礼。当然，当时她很失望，而且不得不认命，她自己可能永远不会拥有一直梦寐以求的政治生活。当然，她仍然觉得每天结束时可以骄傲地昂着头，因为她已经全力投入，已经尝试过了。毕竟，绝大多数人连迈出尝试那一步的勇气都没有。

我每周都会在天狼星广播节目中与许多成功人士交流，这些企业家也大都经历过失败，被拒绝过，也有失望的时候。但是，真正决定你是成功还是失败的，是你在失利的时候如何应对这种失败，你内在的工作革新者精神如何让你重拾碎片，再次出发。列什马的经历给了她新的成功的定义。现在，成功对她来说意味着经营一个超级棒的组织，为女生们创造以前无法得到的机会。

最近，列什马当妈妈了。这给了她新的欢乐和挑战。列什马和我经常拿出差时的母亲负疚感开玩笑。她引用了别人说的话，说："我们把孩子带到人间，把罪孽填入体内。"列什马给我讲了一个故事：有一次，她决定带她儿子出席她要参加的演讲活动。她请的保姆在最后一刻出了紧急情况，在活动当天无法照看孩子。"我就要上台对着所有州长演讲了，但我儿子开始闹脾气。"她所描述的尴尬情况，当过家长的都能理解——孩子们总是特别会挑节骨眼儿，她接着说道，"我的团队用那种眼神看着我。我心里在想，为什么要自作自受？我本可以把他留在家里的。我和他在一起时，我很高兴，但这样会造成更多的混乱。"

玩笑话之外，我真的很感激列什马临别前送给我的箴言，关于她如何不断自问，如何进步，如何不断将自己推到舒适区外、推到能力边缘。她发现，随着年龄的增长，她很少做让自己舒服的事情，而挑战极限的那些时刻真的会让她焕发活力。

何时拒绝客户

有时，如果你为自己工作或是自由职业者，那么做一名工作革新者就意味着你要知道何时放弃困难的客户，朝前看。拒绝生意看似是不对的，但你不应该随随便便让别人占用你的时间和才华。

几年前，我飞往印度新德里参加技术会议。我横跨半个地球，准备做一次 30 分钟的演讲，主题是关于社交媒体的未来及其对数字印度的重要性。数字印度是一项到 2019 年为所有印度公民改善技术基础设施的倡议。会议的主题听起来令人兴奋，而且绝对是我擅长的领域。我为能受邀成为专家组组员感到自豪。和我一同出席的还包括谷歌印度的负责人，他正在该国全面推进数字化改革进程。

但是我一到印度，发现完全是另一回事儿。在印度，仍然是男性占主导地位。我从一些印度女性那里听说，她们"有很多、很多、很多玻璃天花板亟待打破"。我的演讲从 30 分钟缩短到 6 分钟，因为在我前面演讲的那个人超时了。在数字印度专家组中，我是唯一到场的女性，而且他们只问了我一个问题——我是如何平衡孩子和工作的（想想看吧）—— 一个让我翻白眼的问题，而且没有男组员被问到。所以，没错，那次出差我得到了报酬，但我赚那笔钱赚得开心吗？并不。我觉得毫无用武之地，非常难堪。

这个故事告诉我们的道理：如果你是为自己工作，那么请爱惜自己。确定你的收费标准，找一个让你有底气的价格……然后再往上提高一些。（说的就是你们，女士们！）你越是设立底线、坚持原则，其他人就越珍惜你的时间。如果与客户谈不拢，那么，有时"翻新"意味着来一次"春季大扫除"。

我们与工作革新者难道没有共鸣吗？我们梦想着自己长大后会成为什么样的人、长大之后要做什么，但是生活不让我们如意。读关于伟大企业家的经历的书或报道时，你经常能看到"关键转折"的概念，或者他们能够迅速对市场变化做出反应，让业务走上正轨，即使这意味着要废弃原计划，做一些完全不同的事情。人们都会经历这种转折。今天，很少有人能从事自己小时候梦想的职业。（我以为我会变成美人鱼！）我们所有人都遇到过障碍。

像列什马这样的工作革新者适应力强、大胆、勇敢，他们知道如何学到对职业有益的知识、如何摆脱无用的事务。很多人都纠结于此，很难冒险进入令人不安的未知的领域，但是革新者们足智多谋。如果列什马没有经历过那些失败，她就无法征服失败，取得成功，为她的事业和世界带来巨大的变化。

关键转折的艺术

实现事业中的关键转折，没有所谓的"完美的时间点"。有时，这是主动选择，有时是职业计划中一次痛苦的意外。但是，如果你醒来后发现你的事业方向错了，那么无论如何都要采取行动！不止你一个人会这样，我们大多数人在某一刻都会做出职业上的改变：在同一家公司内换岗位，决定做自由职业者，甚至创立自己的企业。

向其他人寻求建议，但你自己的想法最重要。很多人会告诉你，许多事情可能会出错。这通常是因为他们不喜欢冒险，因为他们爱你（变化是可怕的），外加嫉妒——因为他们可能希望自己也可以做出重大改变。如果你的内心告诉你，是时候进行职业关键转折了，那就不要让别人的恐惧阻止你。

盘点你的技能以及喜好。一旦确定了你的喜好和专长，你就很有可能找到几个用得上这些技能的行业。然后，与这些行业的人建立联系，或参加当地的聚会，又或者了解你可能需要恶补哪些技能。

更新你的个人资料。确保别人通过网络检索到的任何网站或社交媒体账户都经常更新，并且其中会提到你做过的项目和你拥有的技能，因为你在思想上开始转折并不代表其他人都知道！

把握时机是关键。如果你要公布做出的改变，请确保你已准备好做到底了。如果别人给你新工作、客户或机会的线索，你却没有跟进，你会发现下一次人们可能就不太愿意帮忙了。制订一个明确的行动计划，以便及时处理得到的线索。

放手去做。老实说，有时对你的一生、你的灵魂最有益的事，就是做出重大改变，并为此而努力，别拖延。你知道自己想做某件事，那么就已经做好了精神上和心理上的准备，只需要迈出这一步。最糟糕的情况是，这样做行不通，你再找其他工作。冒险，从来没有比现在更好的时机。我为你兴奋！

工作超级英雄

工作超级英雄指的是为了支持所爱的人而偏重工作的人——配偶、密友等。

随着时光的流逝，我们自然会觉得，两个人无时无刻不待在一起是不正常的。有那么多的夫妻白天会分开。我们永远不会躲避彼此。我不知道这样做是好是坏，但对我们而言，这样可行。

——布拉德·武井，乔治·武井的业务经理兼伴侣

有时，我们有所偏重，不是为了自己，而是为了我们所爱的人。我的丈夫真正做到了这一点。在我接到那个去百老汇演出的电话后，我的丈夫突然变成了加利福尼亚州的"单亲爸爸"——他支持我这个决定的每一步。

他为了我的最后一场表演再次飞往纽约观看演出（应该是

他看的第六次了）。演出结束后，他帮我收拾回家的行李。虽然就要回家的我欣喜若狂，但到机场的这一路，我在出租车上哭个不停。那场面惨不忍睹，司机不得不调高收音机的音量，因为我使劲地抽泣着。哪怕直到今天，我一听到约翰·传奇的《我的一切》还是会哭。

飞机降落时，我的丈夫提议搬回纽约市。尽管他当时并不清楚，搬到纽约之后，自己的职业选择是否会像在硅谷一样，但他仍说我在纽约似乎更愉快。"你喜欢戏剧，"他说，"那你在加利福尼亚州城郊生活怎么会幸福？我会找到一个好东家，为儿子们找到一所好学校。就这样办吧。"所以，我们就搬家了。

（我要说明我有多幸福。大学毕业后，我在纽约，我丈夫为了我拒绝了加利福尼亚州一份他梦寐以求的工作。他错过那次机会几个月后，我决定搬到加利福尼亚州与我弟弟一起在Facebook 工作。一年的异地经历之后，我丈夫搬到加利福尼亚州与我会合。现在，你明白我为什么嫁给这个人了吧！）

2015 年夏天，我们搬到了纽约，从未后悔。（好吧，也许在二月的严寒中，我们可能有几次质疑过这个决定。）现在，我是托尼奖和奇塔·蕊薇拉奖的评委。每年不得不看 60 场演出，不过我乐在其中。我的丈夫——我们刚开始约会时，他连三部音乐剧的名字都说不出，看过的演出场次用一只手就能数得过来。现在，他周末大多都在和我一起看演出。他能说出过去五年里在百老汇上演的每一部剧，并且对歌曲了如指掌，知道还有哪些表演能与克里斯汀·肯诺维斯的现场表演相提并论。

我丈夫的这些表现便是工作超级英雄的体现——以支持深爱之人的工作为生活的重心。除了我丈夫，没人能比布拉德·武井更优雅、更热情地诠释这个角色了。

大多数人都知道布拉德的伴侣乔治·武井，听说过他饰演的开创性角色——《星际迷航》中"进取号"的舵手苏鲁。布拉德和乔治成为伴侣已有 30 年，结婚 9 年。布拉德经历了好莱坞生涯的起伏，为了给乔治鼓励和指导，他转变了自己的身份，全力支持他的同性伴侣。

乔治和布拉德在 20 世纪 80 年代初相遇。当时，布拉德还是一名全职报刊记者。遇到乔治时，布拉德是一位休闲跑爱好者，乔治也热衷于此。他们在同性社交跑步俱乐部"洛杉矶领跑者"相识，他们绕着银湖水库跑步。接下来的发展大家都知道了。这段地下恋情持续了 18 年。2008 年，成为同性伴侣 20 年后，乔治和布拉德合法结婚了。

起初，布拉德并不是乔治的业务经理，他珍视并热爱自己的记者工作。但是，他们渐渐开始从生活伴侣变为同事。布拉德开始意识到，与迷失在崇高艺术和认知概念中的乔治相比，自己更专注于细节。"他总是想着宏伟的计划，但他能不能赶上飞机总成问题。作为一名记者，我很注重细节。而且，我很擅长记账，我们成了一对完美的搭档。于是，从 20 世纪 90 年代起，我们就一直是武井团队，共同经历生活和工作的起伏。"

乔治比布拉德年长 23 岁，是这段关系中的顾问，而乔治认为布拉德是他可靠的"直布罗陀之岩"。"每天早上，我都会为他准备一杯热腾腾的绿茶和纸质版《纽约时报》。一天结束的时候，即使发生了口角或冲突，我们也会互赠晚安吻。"

乔治是武井团队的品牌人物，所以当布拉德和乔治参加科幻漫展时，乔治作为仍然在世的《星际迷航》的四位元老级演员之一，往往会成为人们关注的焦点。"几十年前，我活在阴影下，但乔治和别人分享自己的生活，他这样活得有意义。因为我们形影不离，他对我很包容。现在，人们也想和我拍照了。我虽内向，却觉得与乔治一同成为关注的焦点刚刚好。我一直都觉得自己很有福气，但从来都没有嫉妒过。"

布拉德和乔治在工作上搭配得很和谐，因为他们私下的关系亲密。布拉德觉得，每时每刻都在一起实际上有利于二人之间的关系，因为他们可以实时解决所有的问题，这样就能始终稳操胜券了。"事实是，我们不得不做出一个又一个选择，才走到了今天。我们的私人关系和工作成功的不可告人的秘密，就是我们都是工作狂。"（我纠正他们：他们都是全情投入工作者！）

乔治遇见布拉德时，已经是家喻户晓的明星了。1965 年，《星际迷航》的创始人吉恩·罗登贝瑞让乔治饰演苏鲁。乔治因此突然得到数百万人的关注。他想利用这个机会传达一些有意义的事情，所以他开始讲述日裔美国人强制集中营的故事——他就是在那里长大的。布拉德遇见乔治时，他明白支持乔治意味着支持他的激情，因此作为武井团队的一分子，布拉德支持他的伴侣利用自己的知名度反对不平等、揭露美国历史上鲜为人知的恐怖事件。"如果不利用你所拥有的平台，你就没有发挥出自己的作用。你发觉自己不得不做正确的事，挑战和回报同在。"

布拉德很乐于帮乔治处理好莱坞与外界的关系。从面巾纸、维生素到绿茶，为了乔治，他无微不至。"我暗中想，我们从未请过婚姻顾问或进行过咨询，因为我不介意琐事。乔治是一位艺术家，所以我给他足够的个人空间。思想成熟真的很有帮助。我 30 多岁时给了乔治一生的承诺。乔治应该安定下来的时候，这也是一份承诺。我真的不太理解离婚，虽然我父母离婚了。我无法想象与乔治分离。我对他做出了承诺，这不是光关乎我一人，而是关乎我们二人。"

对于布拉德和乔治来说，最可悲的是，他们刚确定关系时，美国的 LGBT 群体面临的障碍比现在更多。那时，乔治将近 50 岁，布拉德 30 岁左右，他们知道两个人在一起之后不能拥有孩子。"当时，我们没有公开同性恋身份，所以对孩子们来说不公平……如果你了解我和乔治（就会知道），我们本可以成为伟大的父亲。我们可以把爱意分给生活中其他年幼的孩子。乔治爱孩子，本可以成为一位伟大的父亲。现在，我们没那个精力了，毕竟我们一个 86 岁，一个 63 岁。"

如果你能与布拉德或我丈夫产生共鸣，觉得自己也为了某个人改变了目标或者事业，那么你就是超级英雄了！如此坦率地奉献自我，让所爱之人因自己的商业技能受益。其实，我觉得我现在该热情地拥抱我丈夫，因为如果没有强大的支持，想取得任何成就都免谈——如果你同时也是工作超级英雄，那么你就是我们最大的支持了！

整本书都是关于选三样的，你已经算是在与我的比赛中战胜了我，因为你同时选择了两样，所以恭喜你！

也就是说，重要的是，你依然能保持强大的独立人格，至少保留一两个自己的兴趣爱好——无论是健身习惯、对某种音乐流派感兴趣，还是你正在阅读的书。你的身份很容易被你爱和支持的人吞噬，尤其是如果你的职业决定都取决于你所爱的人。（并不是说我清楚参与家族企业、开始失去自我是怎么回事——等等，我清楚。）

布拉德·武井透露了进入专属时间的秘法：真人秀！"夜里，我把真人秀节目——《家庭主妇》《幸存者》下载到

iPhone 上。而与此同时，乔治正在阅读有益于才智的日本小说。他对真人秀不感兴趣……他也喜欢去看莎士比亚戏剧，但对我而言，那就像是眼巴巴地看着油漆晾干。"

离开 Facebook 后，我花了好几年时间才觉得重新找回了自我。希望你能保留一些适合你的、专属于你的兴趣和活动，哪怕你觉得帮助别人实现职业梦想极其有意义。

副业的艺术

演员兼歌手，或者作家兼导演——过去只有艺人才能身兼数职，但现在越来越普遍的是，人们为了维持生活而朝九晚五地工作，但为了实现梦想还会从晚上 5 点忙到早上 9 点，这就是做副业了。实际上，副业能够给你带来丰厚的收益，甚至让你为了追随激情而放弃日常工作。

以《创智赢家》的戴蒙德·约翰为例，他在红龙虾餐馆工作了四年，同时创立了他的服装品牌虎步。现在，这个品牌价值数百万美元。还有"宿醉"系列电影的演员兼医生肯·郑。他是一名有执业许可证的医生，他表演单口喜剧时，被选中参演贾德·阿帕图的《一夜大肚》，从此事业一飞冲天。做副业并不是忽视日常工作，把所有希望都寄托在一个方面那么简单。不信就去问问胡克·霍根，他开的百事达餐厅只维持了不到一年。

叶蒂娜是 5to9 的创作者之一，这个播客旨在帮助朝九晚五的上班族实现梦想。

她说："如果你想探索激情，做一项副业是个很妙的方法。它就像一张完全属于你的空白画布。没人会对你指手画脚，你想做什么都可以！无论你多么热爱自己的工作，都是在实现他人的梦想，但是做副业是让你以最低的成本实现自己的梦想的途径。这是你百分之百做自己的机会……残酷的是，由于生存和经济需求，我们不得不走上职业道路，更重视赚钱而不是喜爱与否。为了让职业更接近我们的激情，我们需要发挥创意，找个办法将两者结合起来。"

创建自己的副业的四种方法：

1. 确定目标并自问：有了初步构思之后，问问自己为什么想做这个项目，以及它如何能够帮助你实现自我。很多时候，人们只是追随第一直觉，却很快就意识到自己并不想做这个项目——许多副业就这样失去了动力。但是无论如何，如果你做副业是为了尽可能多地探索让你产生共鸣的事情，那么就放手去做吧！

2. 坚持做完一个三十日项目或百日项目：这能帮你构建一项副业，并让自己负起责任。

3. 通过划拨专属时间和预算来坚持：像对待真正的预约一

样对待你的副业。如果你预约了美甲美容都能按时赴约，那么也可以为副业留出专属时间。

4. 广而告之：因为你永远不知道有多少人愿意帮你。

工作变现者

工作变现者指的是把帮助一些选择偏重工作的人作为自己事业的人。他们帮助其他人把生活的重心放在工作上，并在此过程中赚钱！

> 我唯一的遗憾就是没有早日成为一名创业者。我本可以提前好多年离开大公司。我真希望自己早就那样做了，但我当时没有那种冒险精神。如果你有，就勇敢尝试吧。
>
> ——莉亚·布斯克，"跑腿兔"的创始人

有些人的事业是做个现实生活中的救星，帮助其他想工作的人。无论是做招聘官、职业顾问、教练、导师，还是天使投资人，我知道我想采访的都是为了帮助其他人更好地工作而在选三样中选择工作的人。

莉亚·布斯克就是这样一个人，她是"跑腿兔"的创始

人。这是一家帮助用户雇用当地的自由劳动者来做日常任务的公司，例如清扫、搬家、送货和做杂活儿。她的公司最近被宜家集团收购了——就是那个以特别难以组装的家具而闻名的公司。莉亚创立"跑腿兔"，是为了帮助那些有空闲时间，并希望利用这段时间工作的人。同时，也是为了帮助那些想专注在自己的事业上，把生活上的琐事外包出去的人。

她发现没有这样的服务机构能够满足她的要求，于是她创建了这家公司。莉亚和她的丈夫正准备去外地的朋友家吃饭，但家里的狗粮用完了。她知道，一定能在家附近找到人帮忙买一罐狗粮。而且，作为一名工程师，她看到了市场上存在的缺口。将定位与任务相结合的移动应用程序在哪里？灵感一现，莉亚意识到她应该建立这样一个机构，能够把人们召集到一起完成任务——为供需双方提供真正的机会。于是，她创立公司，自掏腰包支撑了一年，然后辞掉了她在 IBM 的工作。

起初，莉亚把"跑腿兔"定位为一个服务于妈妈们的组织。原因很简单，还有谁比妈妈们更需要找人帮忙处理杂事吗？妈妈们请"跑腿兔"的任务员们到塔吉特商场、杂货店买东西，到干洗店取衣物等。由于妈妈们之间的人际网如此强大，"跑腿兔"口口相传，除了最初推广的几个社区，更是以燎原之势扩展到其他社区。莉亚发现自己招募的任务员正在为全国各地不同的社区服务。莉亚不仅建立了一个了不起的科技平台，还创造了一个全新的市场。

供和需都很强劲。就供方而言，在2008年严峻的经济危机期间，不乏愿意用灵活的工作时间赚钱的人，即使是闲不下来的退休人员也能在"跑腿兔"发挥余热。专业人士若想增加额外收入，可以在晚上和周末工作。

而需求方面，妈妈们、忙碌的专业人士和常年卧床的人都在使用"跑腿兔"来减轻他们日常的负担。莉亚有一段特别的经历：有一位旧金山的妈妈，她20岁的儿子在波士顿的麻省总医院治疗癌症。

"她不能经常飞去探望他，所以她在我们的网站雇了一个人每天去看望他。坐下来陪陪他，给他带饭，每天给她打电话汇报他的情况。任务员也是一位妈妈，随着时间的推移，这两个女人之间形成了一种令人难以置信的关系。"莉亚的公司帮助人们重新定义了他们的邻居，以及他们能够依赖谁，莉亚为此感到很荣幸。她很自豪，自己的平台用科技将人们凝聚在了一起。

如果你觉得自己是工作变现者，那就太棒了：你是那么热情地想帮助其他人实现他们的职业目标。恭喜你有如此高尚的目标！但是与此同时，工作变现者很容易过于偏重。你可能是全情投入工作者，当你碰到其他全情投入工作者时，每次对话，每次互动，每一刻都很有可能变得与工作相关。

确保你有时间和工作之外的人相处，在日程安排上利用的是与你的事业无关、与其他人的工作无关的时间段。

选择两样来创建一样

医学博士泰德·艾坦是凯泽永久全面健康中心的医疗主任，也是步行会议的倡导者。他是一名家庭医学专家，专注于全面的健康和多样性。

2008年，泰德在他的网站上发表了一篇名为《步行会议的艺术》的文章。[10] 泰德说："当我仔细阅读2007年12月出版的《健康预防》时，恰巧读到一篇关于使用计步器对增加活动量、改善健康的影响的系统性分析的文章。我便开始天马行空地思考要如何才能多行走，将工作和步行结合起来是个方法，我立马被这个想法'抓住'了。这是我所经历过的最具感染性的创新之一。即使到今天，所有第一次参加步行会议的人都保证这不是最后一次。跟在社区散步相比，哪有人宁愿坐在房间里，盯着别人看半小时？

"我觉得走路时，头脑更清醒，思维更敏锐。因为走路时，你无法查看电子邮件，就不会走神！这是有科学依据的！

"而且，我发现一天的步行会议，相当于两三次健身房训练。突然间，我开始渴望开会，甚至开始找理由与人会面，只是为了达到健身的目的。直到今天，在华盛顿特区，我还是坚持走路上下班。单程是两到三英里（每天走不同的路线），每次我都会发推特！"

泰德关于如何在工作中引起步行会议风潮的建议是什么呢？"不做任何假设。先问问别人，利用他们的好奇心，将其变成学习的机会。在一个房间里开会，你不需要对另一个人好奇，因为这是默认的、最低层次的交互。走路时，你要和别人一起去某个地方，这需要你对他们有所了解：他们的身体条件允许吗？他们想这样做吗？他们喜欢什么走路方式？是喜欢在大自然中散步，还是在闹市？如果他们以前去过某个地方，会让他们回忆起什么？他们会对在街上看到的事物有何反应？

"曾经有一位高管，我让她和我一起开步行会议。我到她的办公室时，她说：'为了和你一起散步，我今天带了跑步鞋。'对我来说，这是尊重和支持我的最好表示了。我永远不会忘记这一点。（然后，我接下来的半小时都在努力跟上她，我也永远不会忘记这一点。）所以，我猜这是一种原动力——我与人们创立的关系和特殊时刻既出乎意料又精彩。"

写总结的人

我就是开个玩笑……

我想我们大多数人都知道自己是哪一类人了。虽然总体上我自称为全情投入工作者，但我也一直是工作革新者，比如我离开 Facebook，创办了自己的公司。或者我也是排除工作者，比如我放下工作，去追逐在百老汇表演的梦想。除了让我们在生活中有所偏重之外，选三样的目的是回顾过去，发现哪些障碍让我们更强大，以及在未来如何把握机遇。无论遇到什么情况，我们都会准备十足去迎接成功。

无论你是全情投入者、排除者、变现者、革新者、超级英雄、专家，还是几种的综合体，你在生活中总有些时候会非常偏重工作。相对应地，在生活中，你肯定也会出于家庭责任或者个人原因无法选择工作，把你的精力放在其他方面。

梅琳达·阿隆斯和列什马·索贾尼曾经都投身于政治活动，但结果却与她们最初的期望不同。梅琳达决定，自己全神贯注地做全职工作、不断选择工作这么多年，要留出一年专属于自己的时间。列什马将精力投入建立非营利组织中，换了一种方式实现其政治抱负。我的母亲决定放弃压力巨大的医学事业，成为一名全职母亲，而詹妮弗·葛夫斯基则放弃了在体育领域的高层职位，全职照顾家人，并创办了自己的公司。布拉德·武井为了支持同性伴侣乔治，改变了自己的职业生涯。莉亚·布斯克创立了一家帮助其他人选择工作的公司。

我也曾全身心地投入事业，将计划变更为"家族企业"工作，忽略了个人的梦想，最终却投入得更多，创立了自己的企业。每一个决策都得到益处，和与之不相上下的困难挑战。

我为我所工作过的所有公司而骄傲，尤其是值得我学习的各位领导，包括喜欢穿连帽衫的那位。我一生都在努力工作——希望这一点永远不会改变。有所改变的，是我的工作方式，以及我想专注的领域。最重要的是，我为之工作的人。

有那么一刻，我厌倦了为他人创造价值。我创立扎克伯格媒体，它最初是一家营销和制作公司。通过不断尝试并从错误中学习，我意识到创造我自己的知识财产能点燃我内心的火花，远远胜过做客户服务。创造知识财产本来是副业，包括我的第一本书——《各个击破》，这本书现在已经被改编成天狼星广播的电台节目。我写给孩子们的书《点点》，现在也已经改编成了一个在全球播出、获奖的电视节目。还有《苏的科技厨房》，它是以科技为主题的家庭聚餐节目。现在，扎克伯格媒体几乎专注于创造、培养我们自己的知识财产，并为之申请许可。看到你从无到有地创造的东西获得生命，这种感觉太棒了，言语已经难以形容了。

如今，当工作出现在我的三个选择中时，我会选能为自己创造价值的工作。工作能为你带来什么（或无法带来什么）？记下你的答案，并记日志（就像本书后面的那个）。你多久选择一次为自己工作？问问自己为什么选择工作。是因为你热爱工作，还是你必须工作——你的事业受什么驱动？只有你自己能够定义工作对你的意义。了解自己做出选择的方式、时间和原因之后，就可以更好地确定是否需要改变，以及做出改变的速度。

我们都有不同的方法、目标，对工作在我们生活中的作用也有着不同的看法。请记住，只要你在做出有所偏重的决策后，能让取舍保持平衡，一切都将没问题。

正如我们的工作专家玛丽琼·菲茨杰拉德所说："我相信，从全局的角度来看，工作与生活之间的平衡是可以实现的，因为工作和生活对你的要求是在不断变化的。不是每天都要达到完美的平衡，而是要在一周或一个月内达到更大范围的平衡。当你需要把精力集中在工作上或者生活的其他方面时，就能够游刃有余了。"

这就是选三样的精髓。

如果生活允许你倾向于工作，那真是太棒了。不要为你没选择的事情感到内疚，并允许自己在职业生涯中全力冲刺。如果你当下不选择工作，那你也很棒！无论你选择偏重什么，都要全身心地投入，做好一切。

如果所有这些谈话都让我筋疲力尽，大概是说明我们该开始谈论睡眠了！

睡　眠

在发达国家，每一种致死的疾病都与睡眠不足有着明显的联系。这就是为何睡眠不足是我们面临的巨大的健康挑战之一。

——马修·沃克，睡眠科学家

还有什么比长途夜航更糟糕的吗？好吧，我知道，还有很多更糟糕的事情，我太夸张了。但是，如果你乘坐过夜间航班，并且一下飞机就得马上开始工作，那么你肯定明白我指的是什么。在我的职业生涯中，已经经历过太多次刚下飞机就得换上一副专注和警觉的表情，给自己猛灌咖啡，浑浑噩噩地开会，问自己这样真的值得吗？我想每个人一生乘坐红眼航班的次数是固定的，而我几乎已经用完了我的配额。

我到处奔波，已经到了非常疯狂的地步。我常常连续四天去四个不同的城市演讲。短短一个月之内，我可能已经去过科威特、美国的田纳西州和得克萨斯州、奥地利的维也纳、墨西哥的墨西哥城，以及其他地方。我飞了20多小时到达澳大利亚，但只停留不到12小时——这种情况发生过很多次了。通常情况下，我每周至少有一晚是睡在飞机上，而不是床上。比如，这段话就是在首尔的候机休息室写的。我希望我能解释一下为什么我要把自己搞得这么马不停蹄。大概是因为我喜欢我的事业，加上我骨子里就是这么一个停不下来的人，还有我非常喜欢这种紧张的生活节奏。以上几个原因组合在一起，以至于在家连续住上几周后，我就会烦躁不安。

毋庸置疑，不断奔波、切换时区和夜间航班真的、真的、真的、真的完全干扰了我的睡眠。经常性地缺乏睡眠会产生负面影响。它扰乱了我的健身计划（筋疲力尽时，我选择不去健身房，还选了糟糕的食物）。它影响了我的记忆力和面临压力时的思考能力，这意味着当我回到家时，会花很多时间睡觉，这些时间我其实本来是想和家人共同度过的。

我最近决定，出差时要对自己更好一些。比如，我周三要在韩国演讲。兰迪1.0计划让我于周二晚上飞抵韩国，周三完成演讲，当晚再飞回国。然而，兰迪2.0计划是周一晚间到达韩国，一直待到周四晚上。我知道，额外的两天听起来没什么大不了的，但对我而言很有用。我把这个时间安排给了睡觉，照顾好自己，让我头脑清醒，甚至可以游览几个景点。其实，昨晚可能是我这几年来第一次睡足九小时。不得不说，我觉得自己焕然一新了。

神经科学家马修·沃克是加利福尼亚大学伯克利分校人类睡眠科学研究中心的主任。最近，他出版了他的第一本书《为什么睡觉：释放睡眠和梦的力量》，详细说明了睡眠的重要性。马修说，他自然而然地就成了一名睡眠研究者，但他必须亲身实践他所提倡的理论。所以，他硬性规定自己每晚必须睡八小时。我最近请马修来参加我的电台节目，他把我的夜间航班生活方式从头到尾批判了一番（理当如此）。他还谈到了心脏病与睡眠不足之间的关系。（一个不那么有趣的事实：你知道吗，在秋天，夏令时切换时，人们多睡一小时，美国心脏病发作的患者因此减少的数量是可以量化的。[11]）马修的家族有心脏病史，所以他知道让身体休息有多重要。

马修提醒大家，全球都得了睡眠不足的流行病。美国成年人平均只睡 6 小时 31 分钟。我知道本周自己的睡眠时间比全国平均水平要低很多。这正是马修提醒公众的，他讲述了大自然是如何用数百万年打磨出八小时睡眠周期的。然而，我们只用了几百年就把睡眠时间减少了将近两小时。

我表示同情，对马修说，如果睡眠可以储存该多好——睡一整个周末，然后再连续熬几个通宵。他提醒我说，睡眠不是这样的。"你无法偿还睡眠债，脂肪细胞就是我们的信用体系。只有人类这一个物种会没有明显原因就剥夺了自己的睡眠。"

最近有一天晚上，我丈夫和我累得瘫倒在床上，感慨着"总算要睡觉了"，可是，还没睡几小时就被一氧化碳探测器惊醒了。你知道这种情况吧？只有当位置随机的警报器电量不足时，才会发出这种刺耳的提示音。我们的警报器在三级楼梯上面。天啊。

那个愚蠢的警报彻底毁了我第二天的工作效率。老实说，我想知道如果我能在每晚只睡四小时的情况下正常生活，那我的效率该有多高！我能多做多少事！我会有多少额外的时间！但是，我想起马修告诉过我，与那些睡眠时间超过七小时的人相比，我感冒的可能性要高 4.2 倍。[12] 好吧，马修，我明白了。睡眠对我们的健康至关重要，有些人拼了老命想最大限度地发挥睡眠的益处。

睡眠全情投入者

睡眠全情投入者，是指做出三个选择时，持续并频繁地优先选择睡眠的人。

慢波睡眠起到类似于大脑的淋巴系统的作用。在这个阶段，大脑会略微收缩，一种特殊的液体冲过，清除每天积聚的废物、毒素和压力。这就是为什么睡眠不规律的轮班工人出现肥胖、糖尿病、心脏病、癌症和其他免疫问题的概率比其他人要高得多。

——珍妮·朱恩，睡眠顾问

我第一次思考在我生活中谁能被称作"睡眠全情投入者"时，我立刻想到了我 3 岁的儿子。他每天睡 12～14 小时（难怪他总是笑盈盈的）。但除了他之外，只有儿童和家庭睡眠顾问珍妮·朱恩能真正扛起鼓励所有人在选三样中选择睡眠的大旗。

等一下，睡眠顾问？！那是什么？去哪儿能找到？

珍妮与我们的睡眠专家马修·沃克相似，她发现了自己的使命是睡眠研究，同时在 15 年的时间里帮助家长克服睡眠问题。这些都是在她获得儿科睡眠指导和睡眠保健学的专业认证之前！到目前为止，通过自己的诊所和洛杉矶的呼吸研究所，珍妮已经帮助了数千个家庭。但是，她真正开始沉迷于睡眠科学，是在她独自照顾自己的四个不到 6 岁的孩子的时候——她的丈夫、家人或看护工几乎没帮过她。

珍妮知道，与那些睡眠不足的人谈论睡眠是一项艰苦的、容易激动的工作。因睡眠不足而焦虑的新手父母对于困扰他们的恶性睡眠周期有着不同的认识与反应。只有珍妮获得患者的信任并让他们体验到睡眠科学时，他们的整个睡眠模式才会转变。这时，她的患者会出现最大幅度、最明显的变化。对于珍妮来说，这项工作很有启发性。简单地说，睡眠让她激动。

对睡眠如此兴奋，我非常有共鸣。但是，如果你达不到美国睡眠医学会推荐的每晚七小时及以上的睡眠时，会怎么样呢？[13] 珍妮说，睡眠的时机其实比你睡了多少小时重要得多。如果可以纠正睡眠的时机，你自然会达到所需要的睡眠时长。

"为了解释这一点，我让病人们联想时差综合征或轮班工人综合征。如果你认识晚上工作的人——而晚上应该是睡觉的时间，他们回家后哪怕白天睡够八小时，醒来后仍然会感觉一团糟，昏昏沉沉，没有恢复元气。这是因为大脑在其自然生物节律之外睡眠，无法体验睡眠周期的慢波部分。无论我们睡了多少小时，都不会觉得真正休息好了。"

珍妮和马修·沃克一样，亲身实践她所提倡的理论。正如她所说，需要是一切发明之母。作为一名睡眠顾问（同时也是睡眠全情投入者），珍妮会减少做一些事情，例如乘坐夜间航班。如果第二天要工作，睡前三小时不运动，夜里（晚上9点或10点以后）就不与朋友或家人出去玩，以保证自己获得高质量的睡眠。优先考虑睡眠只会让工作和与他人的关系的质量、数量得到提高，而不是降低。她认为，我们实际追求的不是时间，而是能量——驱动我们前进的超级能量。珍妮说，优质的睡眠可以帮助我们释放无限的能量和认知灵活度，学习如何管理能量，才能增强我们的人际关系、效率和创造力。也因此许多成功的商界人士都会颂扬睡眠的好处！

所以基本上，与我们所听说的匆匆忙忙、挥霍精力、全天候工作正相反（正如珍妮在她的诊所中验证的、马修在他的研究和书中写过的那样），如果真的想在长期发展中取得成功，你就必须选择充足的睡眠。

虽然老板可能会因为你随叫随到、凌晨 2 点还回复邮件而赞赏你，但遗憾的是，从长期来看，持续的睡眠不足有害无益。拥有充足的睡眠意味着你的事业、人际关系、身体和心情都会达到最佳状态。偶尔有几个晚上没睡好？不用担心，每天的选三样都会给你新的机会。谁都有一段时间无法实现一觉到天亮。因此，只要从长远来看是平衡的就没问题。

马修说，一个晚上的睡眠不足就能够让你犯错，导致你心情不好或者产生疲倦感。持续性的睡眠不足，风险则更大。

所以，当我采访儿科器官移植外科医生亚当·格里塞默医生时，我非常想知道是什么促使他选择这一职业。他明知道做这份工作的人睡眠时间少得可怜，在这个岗位上的人都是以牺牲自己的健康为代价，来挽救无数的生命。

让睡眠给你惊喜

睡眠是生命的灵药，能让人恢复精力，对我们的健康和幸福至关重要。然而，无论如何，我们都睡不够。接下来，我要介绍一些实用的技巧，你可以尝试从今晚开始睡个好觉。

坚持按时间表来。工作日期间省下睡眠的时间，休假的时候好好睡个够，这个方法非常吸引人。但是许多专家认为，最好能够训练自己做到每天都按时睡觉和起床。我们习惯了早上定闹钟叫自己起床，那为什么不定个闹钟催自己睡觉呢？！

形成一套睡前仪式。不管是泡个热水澡、做瑜伽、变换灯光，还是听某一类音乐都行——任何你每天会做的事情都可以，给自己的身体一个信号："该睡觉了。"

放下电子设备。电子设备发出的光会让我们保持清醒，试着睡觉之前的 30~60 分钟放下电子设备，换成看书或者是看杂志。如果你不得不使用电子设备，那就下载一个能将屏幕的蓝光降低到适合夜间使用的应用程序。或者，如果你身旁躺着一个人，也许可以考虑跟他做点儿什么，请自行理解……

避免深夜吃大餐或运动。锻炼可以助眠……前提是你要在正确的时间锻炼。就像吃大餐一样，锻炼可以促进新陈代谢，让你保持清醒。理想的情况是，睡前两三小时不要做这两件事情。

你的卧室足够凉爽吗？许多睡眠专家说，获得良好睡眠的最佳温度是 15.56℃ ~ 19.4℃。房间太热可能会影响你的睡眠质量。

列好明天的待办事项清单。如果压力和焦虑使你夜不能寐，可以在睡觉前花几分钟写下第二天你需要完成的事情。这样，当你陷进枕头时，你的大脑就会很放松。

睡眠排除者

睡眠排除者是指没有在选三样中经常选择睡眠的人，无论是因为职业、生活环境还是身体状况。

做手术之前，家人总是问："你昨晚睡得怎么样？"他们希望你得到充分的休息。但是，术后他们就不再这样问了，而是希望你时刻清醒。而我只愿意连续 40 小时不睡。我认为，之后若是再保持清醒，从道德上来讲是不正确的。

——亚当·格里塞默医生，儿科器官移植外科医生

在硅谷，人人都在科技领域工作，所有的谈话都是关于科技的，而 Kool-Aid 果汁冲饮让你相信唯一能拯救人类的东西

是——你猜对了——科技。我在那里工作了十年后，于朋友的一次生日晚宴上见到了亚当·格里塞默医生，这是非常令人愉快和惊喜的一件事。

我坐在格里塞默医生的对面，忐忑地问他在哪一领域工作。我担心他会回答"科技"，好在他说自己是一名儿科器官移植外科医生。他说他经常不得不半夜起床去赶飞机取回器官，然后迅速投入漫长而复杂的手术中。我以为自己在科技领域工作，对于创业的日常已经算最筋疲力尽了，但格里塞默医生才是真正的缺乏睡眠，他经常30～40小时都无法睡觉，确保器官取回、运输和手术都能顺利进行。

格里塞默医生是典型的睡眠排除者。他非常重要的职业选择使他不能也不该选择睡眠。哪种人可以像他这样工作？格里塞默医生说，虽然大多数人经过训练都可以做这份工作，但是做这行的人必须愿意牺牲。晚上参加社交活动，喝点儿酒的生活已经一去不复返了，因为器官移植外科医生要随时准备工作，几乎没有社交生活。此外，我们的睡眠专家马修·沃克提醒说，酒精会破坏睡眠，所以喝酒后人会醒得更频繁，头脑还会更昏沉。没人想要一个昏昏欲睡的外科医生。

器官移植外科医生的紧张生活也让其他人有了极大的负担。如果病人需要你，无论你身在何处，也无论你正在做什么，都必须放下手头的一切。你可能在自己的结婚周年庆晚宴或者是在朋友的婚礼上，接到一个关于器官移植的电话。在这种情况下，你一定会为了工作离开宴会。你的另一半可能会常常感到被忽略了。格里塞默医生告诉我，他同事的离婚率非常高，因为很多配偶都厌倦了自己被伴侣放在第二位。

格里塞默医生是幸运者之一，因为他的妻子也从事医学工作，因此对他选择的生活方式非常熟悉和适应。然而，这并不意味着他们不必有所牺牲。格里塞默医生告诉我，他们推迟了生育计划。他和妻子都想要孩子，但与此同时，他们一想到让孩子来到这种本就睡眠不足、家庭有时并非优先项的生活，就非常恐慌。"我不知道我更害怕什么，"他承认，"是没有孩子，还是有了孩子却没时间陪伴他们。"

在睡眠、孩子、做器官移植外科医生之间，没有所谓的"工作与生活平衡"，只有不平衡，关键是不要太过偏颇。现在，格里塞默医生认为他偏重得很恰当——他从事业中获得的意义和价值支撑着他度过艰难的时期。他可能还没有自己的孩子，但他挽救了数千个孩子的生命。与此同时，他承认妻子可能对他的不平衡有着略微不同的看法。虽然格里塞默医生认为，他可以继续再过一阵这种生活，但他因为事业必须做出家庭牺牲，这一点让他有些不满。

那么，如果你选择了一条职业道路，哪怕你真的很想、非常想在选三样中选择睡眠，但绝对无法做到，会怎么样？像格里塞默医生一样，许多睡眠排除者选择一直运动。（格里塞默医生告诉我要诀："一直动，别停下来，别坐下！"）或者在他们办公室里放着一张沙发，便于他们打盹儿。他们学着喜欢黑咖啡的味道，有时每天最多会喝六杯咖啡来摄取足量的咖啡因——尽管马修·沃克建议这样做要谨慎。"对睡眠来说，咖啡因和酒精是两种最容易被误解的成分，"马修说，"咖啡因会让我们清醒，麻痹我们脑中的睡眠受体。因此，哪怕我们睡着了，咖啡因也会发挥作用，让我们醒来时也昏昏欲睡。必须喝两杯咖啡才能保持清醒。"

我可深有体验。

睡眠排除者分享的另一件事是，他们不希望永远过着睡眠不足的生活。格里塞默医生热爱他的事业，在可预见的未来，事业是他生活中重要的一部分。但他也承认，最终他想放慢脚步，体验在工作日下午放松的快乐——在读医学院之前，这就是一种与他无缘的奢侈享受了。

虽然格里塞默医生喜欢他所做的事情，依然受到职业选择的挑战，但他知道自己必须积极地消除缺乏睡眠和过量工作的代价。格里塞默医生一有机会就做瑜伽来缓解腰痛，这是连续站立几小时造成的。虽然他很少度假，但他会去收不到手机信号的地方度假，这样就不会连度假时都想着工作、想着帮助别人了。如果他能挤出时间，就会选择飞钓等爱好作为放松的方式，转移思绪，让自己别总想着那些病人——无论他的医术多么高超，都无法拯救每一个人。乘飞机时，他将手机设置为飞行模式，确保自己能睡多久就睡多久。

对于睡眠排除者来说，最大的问题之一是，如果不选择睡眠，还能选什么呢？（选咖啡不算！）疲惫降低了你的效率，这样值得吗？如果你发现自己经常归于睡眠排除者这一类，那么就该深刻反省一下了。你的事业是否像格里塞默医生一样生死攸关，你必须清醒，还是因为焦虑、有害的职场文化或刁难人的老板而让你强行把自己的睡眠排除？如果睡眠排除不是暂时现象，在可预见的未来，你要一直做睡眠排除者，格里塞默医生有几个应对办法，他承认："我以为会越来越轻松，以为会有更多睡觉的机会，或者我会越来越习惯睡眠不足，但实际上并没有。"

每个专业人士都有弱点，我的弱点是嗓子。每当我过度工作时，都会失声，完全嘶哑。做演讲和主持电台节目时，这有点不方便。我上高中时第一次演主角那天，患上了喉炎。婚礼那天，我又犯病了。基本上，每当我疏于照顾自己时，肯定至少有一周说不了话。2017 年有一周，我连续四天在四个不同的城市做了四场演讲。等到最后一个城市后，夜间航班、时区切换和机场冲刺让我疲惫不堪，我完全失声了，连气音都发不出来。幸运的是，我的听众都非常可爱和贴心——我的听众团体是费城的几百名犹太女性（身体不舒服时，没有什么比跟300名犹太妈妈待在一起更好的了）。我尽力哑着嗓子完成长达一小时的演讲。演讲过程中，她们一直给我端来茶和热水。其中一位妇女是耳鼻喉科医生，在我讲完后狠狠地骂了我一顿，说我不该哑着嗓子讲一小时！但她承认，她很高兴我没有取消演讲。不幸的是，我不得不"剪掉"我最喜欢的环节：我喜欢在演讲结束时唱歌，但那天我没法唱了。

那周之后，我的嗓子恢复得比平时慢得多。那次经历给我敲响了警钟，让我认真地对待健康和休息。如果我想让我的身体好好运转，就必须更好地照顾它。牺牲很多不该牺牲的睡眠时间，我们都有过这种经历。有时，它会敲响震耳欲聋的警钟，不信就问问我们的睡眠革新者们。

如何从疲惫中快速恢复

如果你太过疲惫，无法清醒时，可以考虑以下方法：

洗个三分钟的凉水澡。 会非常难受、非常可怕，但它能唤醒你，让你神清气爽，哪怕你一秒都没睡。

到户外去。 没有什么能像自然光那样唤醒你，即使只在外面待五分钟，也能让你振作起来。

吃蛋白质。 前一晚睡眠不足，你的身体会大喊："快给我甜甜圈！"但你要抵制冲动，给身体吃健康的食物，不然你只会更加崩溃。

花点时间冥想或深呼吸。等同于打了个饱盹儿。

小睡室

HubSpot 首席执行官布莱恩·哈里根是一位卓越的、高瞻远瞩的网络营销软件开发者和营销者。布莱恩知道，小睡一会儿能让他更出色地工作，所以他打造了一个午睡室。无论是刚下夜间航班、累过头的公司高管，还是新晋父母，或是眼睛和头脑都疲惫不堪的员工，都可以稍事歇息。

"我一直很喜欢小睡一会儿，"他告诉我，"我发现，白天小睡几分钟能让我思维更清晰、更清楚我需要做些什么，我有一些很妙的点子就是小睡时出现的。而且，没有时间限制。它和 HubSpot 的很多事一样，遵循我们的'用良好的判断力原则'，没人会滥用它。"

布莱恩是我理想中的领导者。"我鼓励 HubSpot 的员工小睡（我自己率先垂范）。2013 年 9 月，我们在剑桥总部布置了名为'贪睡者'的小睡室。从此，小睡获得了 HubSpot 官方认可。从那时起，它就一直发挥着作用。我个人喜欢在懒人沙发上小睡——我办公桌旁边就摆着几个。有需要时，我就可以窝进去休息二三十分钟。"

我们问布莱恩他最喜欢小睡的哪一点，他说："简单地说，小睡让我思维清晰。创始人的空闲时间不多，有些创始人根本一刻都不停歇。小睡能让我们在忙乱的一天中保持冷静、健康和快乐，能提高感知力和敏锐度，这些甚至会成为竞争优势。另外，你会感觉棒极了！"

事实上，有些人睡眠不足时依然能坚持下去：完成任务，完成事项，毅然地处理难题。但是，我做不到，我是那种必须睡够至少七小时才能正常运转的人，所以在刚生宝宝、半夜每隔几小时就要醒一次给他喂奶的时候，我要获得所需的能量简直是难上加难。幸运的是，我的两个儿子刚出生的那几周，我们有能力雇用夜间护工来帮忙。护工每晚 9 点到，晚上 8 点 58 分，我会站在门口，热切地盼望她的到来。我知道金钱并不能买到幸福，但是家里有了宝宝之后，金钱确实可以帮我买到额外一小时的睡眠。

有了小儿子后，我的睡眠变得更难了，因为我已经有一个蹒跚学步的小不点儿了，天知道他会从什么地方把别的孩子的病菌带回家。由于我的丈夫是独生子，他的免疫力还不如我——跟三个每周会携带不同病毒回家的兄弟姐妹一起长大，至少还有这么一点儿好处。我的丈夫一直在生病，因为儿子总是从幼儿园带回来各种病毒。于是，我面对的是一个新生儿和一个学步的小孩儿，还有一个不断感冒、犯胃病的丈夫。在短短六周内，我家第四次被病菌入侵时，我烦透了将自己和新生儿与其他病人隔离开来。有一刻，我失眠又沮丧，竟然把我那么棒的丈夫称为"负担"（这个词竟然真的是从我嘴里说出来的，我想想都尴尬）。

拔掉自己的插头！

专家建议，卧室应该"仅用于睡眠和性生活"。不过，现代世界可能并不能完全做到（90%的人睡觉的时候，手机就放在头旁边），以下几种方法对你也许会有帮助：

定时休息。从一段短暂的"无电子设备"时间（也许是晚餐的一小时）入手，并逐渐延长。我挑战你，看谁能坚持整个晚上甚至整个周末！（倒吸一口气！）

想一想有趣的事，比如做度假计划。研究表明，哪怕只是想想去度假都能让人更开心！假设中的夏威夷之旅，我们来了！

做些传统的活动。玩棋盘游戏、拼图、艺术创作、烹饪，提醒自己：创造、动脑以及有真正眼神接触的社交互动是多么有趣。

手机监狱。你没看错，如果你真的管不住自己，有一些设备可以帮你把手机长时间关进"监狱"。在某些时段关闭 Wi-Fi，或者在你选择的时间段内禁止访问某些应用工具和网站。

读一读《各个击破》。要是有人写过一本书，讲如何在过度紧张的生活中找到科技与生活的平衡就好了。等等，我就写过呀！不过说真的，如果你在纠结这个问题，你会想读读看的。（厚着脸皮插广告。）

小宝宝出生后的第一个月，一大群朋友都来看望你。他们陪着你，送你各种礼物，关心你。肾上腺素支撑着你，但你很想陪陪宝宝。睡觉？那是什么？但六周过后，肾上腺素开始消退。一旦喧嚣归于平静，你就会发现自己债台高筑——六周的睡眠债。孩子来到世上体验的第一件好事，就是与睡眠严重不足的父母共度几个月。我当初到底为什么会觉得多陪陪孩子是个好主意？

睡眠超级英雄

这个人为了支持所爱的人而更加偏重睡眠或者牺牲睡眠。

再也没有睡觉这码事了。

——帕蒂娜·米勒，托尼奖获得者

令人惊讶的是，经历过种种之后，很多人决定再要一个孩子。更令人惊讶的是，亲眼见过你因睡眠不足而歇斯底里的你的另一半，竟然支持你的决定！两个人就像集体失忆，忘记了只睡两小时的自己有多浑蛋。我的两个儿子已经长大了，于是我几乎忘了我当时有多缺觉。为了写这本书，我决定找一位对这段时间印象深刻的新手妈妈谈谈。我有幸联系到我认识的最棒、最厉害的新手妈妈，让我回忆起当时的情景！

帕蒂娜·米勒获得过托尼奖，也出演过哥伦比亚广播公司的政治剧《国务卿女士》。帕蒂娜在 2017 年夏天生下了第一个孩子，就在我采访她之前几个月。"之前，所有人都告诉我，我会缺乏睡眠，我说'我是夜猫子，肯定没事'。不！他们全说中了，甚至更糟糕！哪怕我的女儿上床睡觉了，我仍然会紧盯着她，确认她仍在呼吸！"

帕蒂娜告诉我，她只知道"睡眠"这个词，但不知道睡起来是什么感觉。虽然帕蒂娜的妈妈来帮忙，而且她一开始就请了婴儿护工，但她每天也只能睡几小时。现在，帕蒂娜迷上卡布奇诺了。"我盼着她满 18 岁，到那时，我就终于可以睡觉了。"

帕蒂娜工作的时候，就更别提睡眠了，没有睡眠这回事。"拍摄《国务卿女士》那些日子，我凌晨 5 点就醒了，所以无法优先考虑睡眠。"帕蒂娜对紧张的工作周期并不陌生。毕竟，她曾在百老汇和伦敦西区的多部音乐剧中担当主演。但她告诉我，生孩子带来的疲惫与在百老汇一周演八场剧引起的疲惫不同。"我演《丕平正传》（帕蒂娜因此获得托尼奖最佳音乐剧女主角奖）时筋疲力尽，但那时我有固定的时间表。我知道该做什么，都是我自己的事情，我有时间睡觉休息。而照顾孩子相当于我每天都要工作一整天，而不是几小时。你要随时待命、随叫随到，这太不容易了。而且，你要面对的是一个活生生的人。百老汇虽然很严肃，但也没有那么严肃。"

睡眠不足也影响了帕蒂娜的饮食选择。她不偏重睡眠时，就会吃得很糟糕。"我必须自己做饭，要清楚地知道我前一天吃了什么。睡眠不足会让我的选择不当。"

帕蒂娜对新手父母的建议是慢慢来，每天进步一点点。新妈妈必须冷静下来，告诉自己一切都没问题。"你所感受到的都是正常的，接受变化和不确定性，精神和身体都在经历变化。会越来越好，但确实需要时间。别给自己妄下定论，也别跟其他妈妈、其他经历相比较。"帕蒂娜建议伴侣关爱他们的妻子，"我们好脆弱的。"

牺牲睡眠，换来疲惫和接近崩溃，是否值得？如果再让她选一次，她还会选择在事业如日中天的时候生孩子吗？"再让我选一千次，我百分之百还会做出同样的选择。她是我最大的幸福，最神奇的那一刻就是我们对视的时候。我做一切都是为了她，她真是我的一生所爱。"

我对帕蒂娜的世界略有了解。《摇滚年代》演了30场，每场演出之后，我知道应该去睡觉休息（特别是周末，我们要演5场），却发现不可能睡着。我会兴奋到不行——更广为人知的说法是演员的肾上腺素比较"发达"。

帕蒂娜长期拍摄电视剧，排练——记忆台词、练习动作和走位等，再加上一个需要喂奶的宝宝。光是想想这一切，我就已经筋疲力尽了。我们拼尽所能生存，帮助我们所爱之人生存。所以，我们在某些时刻都在以自己的方式当着睡眠超级英雄。我们吃了缺乏睡眠的亏，之后重新调整，要找到更偏重睡眠的机会，这需要来自朋友和睡眠变现者的一点点帮助。

睡眠变现者

他们目前事业的重点在于，制造一种能让其他人选择睡眠的产品或服务。

光是"度假"这个词就能改变你的心态。面对当今的快节奏，有时我们渴望摆脱工作和家庭的压力和责任。离开这两者能让你重获元气，这样你回到日常生活时就会有一种"清爽"

的感觉。

——丽莎·卢托夫 – 裴罗，名人邮轮公司总经理
兼首席执行官

度过一个完美的假期，享受豪华的水疗、美食餐厅，躺在超级舒适的床上，被海浪轻轻地摇着入睡，还有什么能比这更令人放松，让人安睡整晚的呢？几乎没有。

再加上，女性经营庞大的全球连锁的旅游公司很罕见，我特别高兴有机会在 2015 年与丽莎·卢托夫 – 裴罗和名人邮轮公司合作。我为他们的峡谷牧场海上水疗设计了一组水疗服务。它们的名字很有趣、很有科技感，比如 FACEialTIME（面部护理时光，形似 FaceTime 通话），Text-icure 和 Ctrl-Alt-Relax（"放松"快捷键）。我的小儿子当时三个月大，所以我设计这些精心的护理肯定有一部分私心是为了我自己！

丽莎在竞争激烈的高端旅游市场中重新定义、打造了名人邮轮品牌，不得不令人佩服。她所在的行业旨在为旅客提供放松的体验，因此她的工作都围绕着帮助船上的旅客优先选择睡眠而展开。

丽莎说，一晚安睡可以滋养人的头脑、身体和精神，这已经不是什么秘密了。她本人信奉"早睡早起"。我问丽莎有没有言行一致，说到做到。"我每天晚上 8 点或 8 点 30 分上床，早

上 5 点或 5 点 30 分起床，周末也不例外，因为我爱睡觉。我爱睡觉，并且真的相信只有睡眠能让我从头到脚都恢复活力。"

"名人心事重重的梦"项目是他们原有健康项目的自然扩展。丽莎听客人说，他们有时需要一两个晚上才能从忙碌而紧张的工作周或家庭生活中过渡到度假的心态，摆脱严守日程表、赶工或者时刻跟人联系的压力。

丽莎告诉我，假期并不完全等于睡觉，更多的是释放将我们紧紧握住的压力。她说："假期给你机会放松，在不增加压力的情况下补充睡眠。""海上度假是补充睡眠和改变睡眠习惯的最佳选择。在远海航行，被海水环绕，是世界上最放松、最美妙的体验，非常适合让人心神安宁。"

度假可以通过高质量的休息帮我们找回真正的状态，这样就可以与我们所爱的人交流，欣赏我们创造的美好生活。"我们都需要停下来休息，但有时候我觉得需要有人提醒我们去休息。"

丽莎的团队始终站在潮流的前沿，倾听客户的反馈，探索市场上的新鲜事物来选择放松服务项目。"我们很快就知道某个项目行不行得通，因为世界各地的邮轮上都有我们的客人。每次航行结束，他们都会和我们分享经验，给我们反馈。我们就迅速回应，不断改进。好消息是，我们绝大部分时间都做得很好。"

若想放松身心，邮轮是理想的选择，因为客人能得到精心的照顾，要求得到了满足。有时，客人甚至都不知道自己有这些要求。丽莎希望她的客人登船，卸下负担，敞开自己。"前往美丽的目的地，结识新朋友，探索不同的文化，这些改变了我们对世界的看法。我们变得更加包容，往往会更加满意自己的生活。"

丽莎最喜欢的记忆是航行到以往没有去过的港口，满怀期待地希望发现些什么。我们永远不会忘记那一刻，它永远改变了我们。选择其他方式旅行就不会有那种感觉。"乘坐邮轮是如此特别，是因为它使大海与陆地有了联系，它创造的独特环境能让你得到最完美的休息。"

我问丽莎，睡眠为何成为如此热门的话题。她引用了名人邮轮公司董事长理查德·费恩的话："技术的快节奏永远不会像现在这么慢，只会变得更快。"她赞同，不仅仅是技术，一切都是如此。我们工作更加努力，与他人接触的时间更长，做得更多，睡得更少。工作、孩子、父母、朋友——我们像耍抛球杂技的小丑一样轮番处理这几项。"我不确定这是否揭露了社会不好的一面，但它意味着我们必须更关注，也更偏重休息、冥想和睡眠，以便应对压力并恢复健康。睡眠对情绪、身体恢复和幸福都至关重要。"

至于睡眠变现的问题，丽莎说帮助他人有很多商机。"夜间保姆和睡眠顾问收费不菲。数百万人依赖助眠器、白噪声器等。床垫和床上用品行业价值 150 亿美元，这是有原因的！[14] 我们都或多或少地意识到了睡眠在我们的生活中是不能议价的。"

选择两样来创建一样

有时，生活得更灵活（在家工作、做自由职业等），让我们可以自由地偏重生活的其他方面。莎拉·萨顿·费尔是 FlexJobs 的创始人兼首席执行官。FlexJobs 是一项领先的在线服务，主要面向寻求远程办公、有灵活时间兼职和自由职业的专业人士。对于寻找专业、合法的灵活工作的求职者来说，FlexJobs 为他们提供了一种安全、简便、高效的方式。

关键在于，由于远程工作和灵活的工作选择，人们可以更好地、更灵活地调整优先事项，从而解决许多潜在的冲突。这些选择还可以让生活更健康、更可持续。

FlexJobs 在一项调查中提问：人们为什么对灵活度更高的工作感兴趣？调查发现，自 2013 年以来，人们寻求灵活职业的四大原因：工作与生活平衡（78%），家庭（49%），节省时间（46%），以及通勤压力（45%）。[15]

莎拉认为真正的平衡来自"足够的"平衡。对她来说，工作与生活平衡不是恒定的状态，也不是有明确终点的终极目标。在她的脑中，这种情况的视觉展现是她非常喜欢的儿时玩具之一——摇摆平衡板。

"它的玩法是，尽量在中间或接近中间的位置保持平衡。但是，由于平衡原理和我们的身体构造，你不可避免地需要经常来回运动，不得不一会儿偏向一边，然后是另一边，不至于失去平衡太久，这样就不会掉下来。速度和找到平衡点很重要。如果你做得很好，从理论上讲，即使严格说来你并不总是处于'完美的平衡状态'，但你仍然可以永远待在平衡板上。你必须保证足够的平衡才能实现可持续性。"

有人会觉得在家工作或者做一份灵活的工作是白日梦，其实不一定，特别是对那些刚进入职场的人来说。

莎拉表示，现在千禧一代（目前在职场中占比最大的一代）基本上是体验着科技带来的灵活性和移动性长大的，因此他们已经习惯于在线交流、学习和协作。她看到了远程工作以非常快的速度融入我们的生活。"千禧一代不相信必须在办公室才能工作，也不相信工作必须在固定时间内才能完成。他们极其倾向于寻求工作与生活平衡以及灵活的日程安排，让自己不被工作支配。"[16]

工作的同时，也能关注工作以外的生活，可以满足我们更多容易被忽略的需求（比如睡眠）。

做可以远程完成的工作的另一个巨大的好处是，它可以大大改变人们的生活。根据 FlexJobs 的一项调查，做远程工作的人包括全职主妇（或主夫，16%）、生活在经济欠发达地区或农村的人（15%）、残疾人或有健康问题的人（14%）、看护人（9%），以及军人配偶（2%）。

因此，如果你需要更关注睡眠（疾控预防中心调查发现，三分之一的美国成年人没有足够的睡眠[17]），那么拥有灵活的工作可以让你有所偏重，同时你仍然能赚钱养活自己!

根据 FlexJobs 所发布的信息，从财务的角度来看，远程工作人员不仅每年平均可以省下超过 4600 美元的通勤费用，而且每年可以有超过 11 天的时间无须通勤上下班。考虑到整体的幸福感，97% 的受访者表示，从事远程或灵活工作能够大大提高他们的健康和生活质量，带来积极影响。78% 的人表示，这让他们过得更健康（吃得更好、运动更多等），86% 的人表示压力减轻了。[18]

睡魔先生，带我进入梦乡

当我休息得好的时候，我从来没有被吓坏或者为愚蠢的事情哭泣过。当我睡得好的时候，我从来没有吼过我爱的人或者责骂我的朋友、同事。然而，在我没有偏重睡眠，失去了所有人都需要的、让我们保持最佳状态的能量时，这些肯定都发生过。我最健康、有着巅峰表现的时刻，都是我努力偏重睡眠的时刻。

睡眠顾问珍妮·朱恩说："睡个美觉之后，早上醒来时，我其实是在对自己微笑，就好像是我拥有全世界保存得最好的秘密。我觉得自己的状态超越凡人，我的态度、我的动力、我的身体感觉都没有了界限。"

这听起来非常像我永远都快乐的 3 岁的儿子。他这么欢快，是不是因为他每晚睡 12 小时，外加中午午睡？很可能。睡眠神奇、神秘，又难以捉摸，是否偏重得当至关重要。虽然有些人不像其他人那样需要那么多睡眠，但一直拒绝睡觉就无法发挥最高水平。如果你忽略了睡眠，可能会对你的健康、性格和情绪健康产生不利影响。《流言终结者》甚至专门策划了一期名为《"醉"和"累"对决》的特别节目，证明在睡眠不足时开车比酒后驾驶更危险。[19]

你越了解睡眠，就会睡得越多。

家 庭

如果我们的生活发生剧烈变化或遭到破坏，家人可以帮我们渡过难关。

——多伦·阿库斯，马萨诸塞大学洛威尔
分校人际关系和家庭专家

家庭是美好的、难以经营的，是必要的，也是极其复杂的。我们出生在家庭之中，有些人会创造或选择家庭。无论家庭对你来说意味着什么，变数永远存在：让你幸福，让你苦恼，可以依靠，给你压力，有着这样或那样的缺点。

作为扎克伯格家的一员，家庭等于以上所有。无论我选择哪三样，家人总会选择我，因为你的姓氏在某种程度上定义了你的身份（"扎克伯格"在德语中是"糖山"之意，我想正因如此，我才对甜品有着无限热爱）。全球有近 7000 人姓扎克伯格，谁会想到我们小小一家（好吧，也没有那么小，我们兄弟姐妹四人现在总共有五个孩子）会成为最著名的那几个扎克伯格？

一方面，我觉得自己在很多方面都是非常幸运的。慈爱的父母伴我长大，他们彼此相爱，爱孩子们，支持我们的梦想。我的父母会为了参加我的阿卡贝拉音乐会，不辞辛苦地开上几小时的车。他们由此定下了一条"家规"：无论如何，我们都不会缺席其他家人的重要场合。我在自己的家庭中也培养出了这种无条件的情感纽带，我和丈夫飞越全国，只为了参加我妹妹的 30 岁生日聚会——时长仅有四小时。哪怕我在国外，这种习惯也不变。比如，我从澳大利亚飞去参加我弟弟在哈佛大学的毕业典礼演讲，几小时后又转头飞回澳大利亚。马克甚至在与奥巴马总统会面时提前离开，就为了赶上我的百老汇首演。我的父母向我们灌输了"为家人到场"的价值观，希望我每天也是如此影响着我的儿子们。

最重要的是，我每天都觉得自己很幸运，因为我遇到了这样一个令人难以置信的男人、丈夫和孩子的父亲。他将家庭看得比任何事情都重要，无微不至地照顾双方的父母。我家人灌输给我的价值观，他也在践行着。

毫无疑问，我幸运、有福气、荣幸得难以用语言形容，能拥有在 Facebook 一线工作这一千载难逢的经历，见证我弟弟迅速崛起，看到"扎克伯格"这个姓氏成为创新和行业的代名词。拥有像洛克菲勒或者温弗瑞一样广为人知、受人尊重的姓氏简直太棒了。我每天都会掐自己，不敢相信这是真的。

无论发生什么事，都有人陪着你，这很重要。正如马萨诸塞大学洛威尔分校的家庭专家多伦·阿库斯和我们的家庭专家所说，绝对有必要的是，有人能在情感和物质方面支持你。有些人可能交际并不广，他们需要的支持可能也不像其他人那么多，这要看你是哪一类人。

多伦的专长领域是幼儿的成长以及他们经过培养后在社会环境中如何发展。她说，生活发生变化时，与家人的亲密关系可以帮我们渡过难关。我们需要一个可以随时倾诉的人，他会对你说"我马上就到"。

但是，家庭仍然很复杂。

首先，为兄弟姐妹工作本身就很复杂，在家族企业工作过的人可能知道这样做对关系造成的伤害。如果家庭中的一个人是另一个人的老板——公和私之间的界限模糊了，事情就会变得棘手。

为了防止在读这本书的你讽刺地想着"你又来了，兰迪"，请别只听我一家之言。我很看重另一位同在科技领域的女性的观点（她的姓名缩写跟我一样，也是 RZ），也恰好为她的兄弟工作。

她就是鲁思·泽夫。鲁思·泽夫是加拿大科技公司

Blueprint 的营销副总裁。

"决定加入公司并不难，但我与兄弟的关系的确很复杂。我克服了自己的顾虑，因为我知道首席营销官会成为我们之间的缓冲。我很开心能在我兄弟的公司工作，我知道他能获得多大的成就，我希望也为此贡献力量。"

没有人比我更了解和家人一起工作的起起落落。好吧，也许杰克逊五人组了解。但是，如果你跟这个人一起长大，那你就会比谷歌还了解他和他的性格！你真愿意和那个人一起工作，或者为他工作，甚至在他身旁工作吗？你愿意牺牲你们的关系——或者更严重一点儿，牺牲你的理智——每周见他 40 多小时，一年 300 多天都是如此？

我们还不认识的时候，鲁思给我发过电子邮件。我每天都会在领英、Facebook 和 Instagram 上收到来自世界各地的企业家的数千条消息。要是我有时间回复每一个人就好了！我们都需要那个给我们回信、相信我们的人。但很不幸，时间不够，所以大部分消息都没有得到答复。但是，鲁思引起了我的注意。她介绍说自己也在科技领域工作，姓名缩写也是 RZ，也在为她兄弟的科技公司工作，也是一个妈妈（虽然她有五个孩子！真是一位超级妈妈）。

我决定给鲁思打电话，给她一点点指导。放下电话几小时后，她以我的名义给"编程女生"（前文提到过的列什马的组织）捐款，以此对我表示感谢。我从未遇到过有人会这样做，所以这让鲁思一下子就脱颖而出了。（给未来的企业家一个小建议：模仿鲁思，没人会忘记你！）

鲁思的经历很棒。她住在加拿大，直接向她的哥哥（即Blueprint 的首席执行官）汇报。她告诉我，自从三年前开始合作以来，兄妹的关系得到了强化，因为她感到自己被人赏识，她能帮助他实现愿景。而且，她在决策桌上也有一席之地，她觉得自己的看法受人重视。

我可以证明，与兄弟姐妹分享如此紧张的经历真的很酷。我很幸运，和家中每个人的关系都很好，但在 Facebook 一线工作的经历和对这家公司内部的了解，只有马克和我才懂。与家人一起工作真是太酷了，这很特别。鲁思完美地解释了这一点："我每周工作 40～50 小时。能与生命中最重要的人之一在一起工作，这有多不可思议！"

但是，如果你为自己家人的热情投入过多，又会怎样？鲁思对我说，她理解她哥哥的激情，觉得自己做出了正确的事业选择。但是，她时刻保持高度警惕，以免在为兄弟姐妹工作的过程中失去自己的身份或梦想。我觉得鲁思与她哥哥的工作关系很健康。

鲁思还有一点令我欣赏：工作只是她生活的一个方面。虽然她热爱自己的工作（当然也爱她的哥哥），但鲁思也是母亲、妻子、瑜伽练习者和环球旅行者，还有自己的朋友。她预计，有一天自己会想在职场上更多地发挥主导作用，但目前她很喜欢这个支持者的角色。

作为鲁思的老板，她哥哥给了她很大的自由，让她可以在自己的部门制订规划。但是，并非总是如此。如果一个人是另一个人的老板，就可能会导致权势尴尬、关系紧张，以及让其他员工之间关系紧张。我们很容易被我们爱的人的愿景所左右，因为我们愿意协助家人实现他们的梦想和目标。接下来，我要来介绍选三样中的家庭全情投入者——以威尔科电子的布丽吉特·丹尼尔为例。

家庭全情投入者

这类人，家庭是他们的首选，他们会排除万难，优先选择家庭——比起大多数人都更愿意选择家庭。

我从未后悔为威尔科工作，我坚信为家族企业工作是一种优待、一种荣幸。

——布丽吉特·丹尼尔，

威尔科电子系统公司执行副总裁

布丽吉特是美国仅存的几家非裔美国人私人有线电视台之一的创始人的女儿。1977年，也就是在她出生的这一年，她的父亲凭着极强的创业精神用4000美元创立了这家公司。人们亲切地称他为费城有线电视行业的"最后一人"。但是，在布丽吉特的成长过程中，威尔科对她的影响并不大。"当时，我认为有线电视行业无趣、缺乏创意，只是看电视的一种方式而已。直到我长大之后才意识到，投身于一个决定了现在和未来几代人沟通方式的行业的历史重要性，明白了在这一行业坚持30多年需要做出的牺牲，以及创造价值、一代代传承价值的重要性。"

　　布丽吉特被乔治城大学法学院录取后，她发现自己接受了通信行业的挑战，就像她父亲一样。"我21岁时一头扎进了通信法和电信行业商业行为的艺术中。曾经被我打上'无趣'和'平凡'标签的行业现在吸引了我的全部注意力，点燃了我的满腔热血。"

　　现在，布丽吉特每天醒来都斗志满满，她的家人给予她满满的支持。她对于威尔科公司的传承和守业充满期待，也期望着拓展她的家族企业。威尔科公司为她提供了一个平台，让她得以去创造价值、启发他人、做出贡献、受人瞩目、收获成功。"谈到成功时，我总会想到一句话：'你要么坐在桌旁，要么就在菜单上。'威尔科让我有机会坐在桌旁，而这张桌子通常不是为我这种人而准备的。"

布丽吉特回想她在家族企业的工作时，不禁想起了另一句话："收获越多的人，付出也就越多。"对她来说，这意味着传承家族价值就要承担很大的责任并辛勤工作。在威尔科公司的十年间，她经历了许多起伏：一桩桩生意盈亏，一段段关系的开始与结束。但总体上，布丽吉特为整个团队所得到的、40多年来所创造的，以及他们一家人完全拥有的一切感到自豪。

布丽吉特最喜欢与家人一起工作的一点是，家族企业有能力并能够自由、自主地建立起以科技为中心的合作关系，有接入宽带的资格，能够满足一些长期被忽略的社区接触科技领域的需求。"我们得以缩小数字鸿沟，这影响了费城的数十万人，弥合了费城科技行业的差距，为过去被排除在技术、通信和媒体之外的人创造了入口。"

布丽吉特认为，家族企业之所以能如此强大，在于企业的韧性、沟通和诚信。家族企业想在商场上站稳脚跟、成长发展，上述三点必须全部做到。如果你在考虑继承家族企业的工作，布丽吉特说还有三件事需要考虑：首先，尽早制订继任计划，时时审视修改；其次，要注意家庭和职场之间的模糊界限；最后，董事会中的顾问应该来自家庭之外，这对增长、问责和创新十分重要。

布丽吉特觉得在家族企业中工作确实颇具挑战性。创始人兼首席执行官（也是她的父亲）就在大厅那边，他有权立即改变计划，批评她的工作，或者带领公司向着与她认为最好的方向不同的方向前进。"基本上，在家族企业中工作也会是一件很棘手的事情。用音乐家弗兰基·贝弗利的话来说：'是快乐和痛苦，是阳光和雨露。'换句话说，凡事都有两面性，好与坏你都要承担，才能继续前进。但对于我们来说，至少我们是和家人一起并肩作战。家人是我们所爱之人，他们始终会维护我们的利益，这是一件非常棒的事情。"

鲁思和布丽吉特都同意这一观点：在投身家族企业之前，你要知道，在家族企业里工作，其中的利益关系比为他人工作更为复杂。一旦出现问题，后果会更加复杂。你不能把你不赞同的事情归咎于老板的自大。这是家人，他们不是那些你毫不关心的浑蛋。（并不是说你应该忽视你的老板，但如果你的老板是你爸爸，那么他做出糟糕或不道德的决定时，情况会完全不同。）

还有需要证明自己的问题。鲁思和布丽吉特都表示，有时候她们必须更加努力地工作才能在公司里证明自己。鲁思说，当她需要努力证明自己，让别人觉得她爬上这个职位是靠她自己的能力，而不是靠家里的关系时，她觉得压力非常大。你的工作成绩遭到质疑时，整个工作氛围会让你感到不舒服，有时甚至会引起敌意。有些同事甚至不敢跟你来往，害怕你会打小报告。

我完全明白。不管是做什么，你永远与你的家人牵连在一起，因为他的成功而被认识，这种感觉很复杂。每一天，你都很纠结，一边为这位家人自豪，一边祈祷着，哪怕只有那么一天不用听到他们的名字该多好。

离开 Facebook 后的第一年，我觉得大家眼中的我只不过是一台人形 ATM。"她是扎克伯格家的人？""我听到了钱声！我们请她吃饭吧，说不定她会慷慨解囊呢！""我们多跟她接触，这样她就会把我们的慈善机构介绍给她兄弟的基金会。"但是，我的钱是我努力工作赚来的，如何花钱由我自己决定——这是我父母给我上的另一节生活课！

大学毕业后，我在奥美公司担任助理客户经理时，妈妈偶尔会来纽约看我。我们会去逛街，更具体地说，是买鞋子。我妈妈会给我买昂贵的高跟鞋——周仰杰或者斯图尔特·韦茨曼的鞋子，我在《欲望都市》中看到的那种。我在纽约苦苦挣扎，年薪才 3 万美元，用我两份工资中的一份付房租。（有一个月，我连地铁月卡都买不起，不管去哪里都得走着去——幸亏我有一鞋柜的名牌鞋可以穿着走！怎么了？！）

当时，我并不理解我妈妈为什么要送我那些礼物。她甚至会把收据拿走，这样我就不能把鞋子退掉，用买鞋子的钱买其他东西了，比如食物。我问她，为什么给我买名牌鞋，而不帮我付房租。她说她坚持要我努力用自己的双手赚钱谋生活。与此同时，她想让我尝到一点儿奢侈品的甜头，让我知道该对生活有什么期待，为什么要努力工作。她告诉我，一个人有能力的时候，应该用好东西奖励自己。我一直牢记着她的教导。所以，我努力成为今天的我，所以重要的是，我要为自己和孩子、丈夫创造舒适的生活，而不是依赖别人帮我创造。

我知道，让我尴尬的是我自己的不安感。时常听空乘人员说："扎克伯格？你是不是那谁的亲戚？"诊所接待员一叫到我的名字，我就想藏起来。"扎克伯格女士！"我觉得所有病人都在看着我。然而，结婚时，我本可以改姓夫姓，但我没有。我为自己的姓氏和家人骄傲，我为自己的职业决定骄傲。无论是与家人一起工作，还是离开Facebook，做自己的女主角，这份骄傲都不会变。

我现在和我的小家庭住在纽约，其他家人住在加利福尼亚州。我决定搬到大苹果城（纽约的别称），很大程度上是因为我热爱这座城市、热爱艺术，我渴望站在舞台的中央。但也有一部分原因在于，我想寻找空间来开拓自己的道路。我需要能让我呼吸的空间，让我专注于我的丈夫和儿子们，按我的方式供养我的小家庭，摆脱硅谷这样单一行业地区的"监督"。我终于有机会成为自己人生故事或戏剧的主角。最棒的是，我的家人接受、支持，也理解我的需求。

家庭对于我来说，一直都非常重要。我想，当家里兄弟姐妹有四个的时候，就总有人陪着我，总有人跟我一起玩。所以，我其实不需要太多朋友，家庭始终是我社交生活的核心。但是，如果不是这样呢？那么我会是谁？

我怀小儿子时，变得有点儿疯狂。有时，我很震惊：我丈夫仍然经常在他自己的选三样中选择家庭，频率不亚于我第一次怀孕那段时间。要是换作我，我早就逃跑了！那时，我因为餐厅的鸡蛋太生而哭泣，因为他送我冰激凌或者鲜花而朝他尖叫："你是不是觉得我像一条狗，随便扔点儿好处就行了？！"对着柯达广告号啕大哭。怀孕不适合敏感的人——无论男女。体重增加，激素水平波动，花钱如流水。我完全理解为什么有些女人根本不想怀孕。

当家人不在身边时

比起以前，如今我们的家人居住在不同的地方。我们太容易忙晕了，从而掉入"见不到面就忽略存在"的陷阱。以下几种办法可以让你在选三样中优先考虑家人，即便他们"远在天边"。

建个 Facebook 私聊群。我和丈夫有一个专属 Facebook 私聊群，我们用它分享照片和记忆。等孩子们到了能够使用社交媒体的年龄，我们也会加他们进群。这样，无论我们在世界的哪个地方，无论我们有多忙，都确保我们有时间共享回忆。

家庭聊天群。与家人分享你平日里偶尔冒出来的想法，最简单、便捷地让彼此了解最近的生活。

每月家庭读书俱乐部。每月办一次这样的活动：全家人通过视频聊天分享对书籍、文章或新闻事件的看法。听起来如何？找一些不敏感的话题来谈，就可以避免变成家庭闹剧了。

设置日历提醒。如果你发现自己已经太久没有联系家人了，那就设置个日历提醒吧，安排固定的时间与家人联系。"把家人纳入规划之中"似乎有点儿极端，但现在可是现代世界。（来自一个在结婚当天设定了"结婚"日历提醒的女人。）

寄实体信件。没什么能像收到纸质邮件那样让人开心了。我个人喜欢用手机应用把我拍的照片转换成明信片，寄给现实生活中的人们。

家庭排除者

把家庭排除在三项选择之外的人。

不结婚、不生孩子，百分之百是我自己的决定。要是我真想结婚或者生孩子的话，我早就那样做了。我还没完全抹掉结婚的想法，但我一点儿也不想要孩子。我已经54岁了，仍然单身……显然，在我"死前必须做的事项"的清单上，结婚生子并不在前几名。我只是觉得我天生不想结婚，不想要孩子。

——艾伦·德沃斯基，作家兼编辑

艾伦·德沃斯基是一个不想亲自处理家庭大事小情的人。其实，她12岁时就意识到自己不想结婚，也不想生孩子。这么年轻就明确自己想要什么，真是太棒了！她照顾完邻居家的孩子，回到家中，告诉她妈妈，自己以后绝对不结婚生子。艾伦来自一个上层中产阶级家庭，在她儿童时期和青少年时期，她的妈妈是护士，要照顾两个孩子，有时做全职工作，有时做兼职。20世纪70年代的妻子，工作形式听命于其丈夫。哪怕艾伦当时只有12岁，她也不愿走上跟妈妈一样的路。似乎她天生就不想要孩子，就像她天生有一双手一样。艾伦是我们所说的家庭排除者。

艾伦本有三次结婚的机会：一次在她19岁的时候，另一次在20多岁，还有一次在30多岁。有一次，她几乎说服了自己生孩子。"但是，这四次都以失败告终，所以结婚生子永远不可能了。就好比你说，'我要当一名飞行员，为航空公司工作'，却只上过几节飞行课，或者拿到了飞行执照却永远都不找工作。换句话说，明明心中知道永远都不会这样，你却依然答应了。所以，答应从未真正想做的事也是安全的。"

艾伦是一个非常乐观的人。尽管过去六年间一直在与间质性膀胱炎搏斗，但她是一位狂热的阅读者（每年阅读超过 200 本书）。她有自己的创造追求，并且乐在其中：她喜欢用旧扣子做珠宝，用旧的短期收藏品、蕾丝花边和珠宝做贺卡，还会设计网页。她是一名专业的作家兼编辑，并且拥有一个她十年前创立的，现在依然发展得很好的创意写作小组。因此，被问到是否有遗憾时，问题还没说完，她已经直截了当地说"没有"了！

"我现在已经 54 岁了，过了更年期，没机会生育了，我从来没有后悔过。我有时想知道自己未婚无子地老去会怎样，但我无法保证不会离婚或者丈夫不会先我而去，或者我不得不照顾他和成年子女。而且，等你老了，孩子不一定会照顾你。我认识很多想跟父母撇清关系的成年孩子。"

艾伦非常清楚自己不想结婚生子，她从不自问为什么缺乏这方面的欲望，也从不觉得这是某种必须解决的问题。不想生子的生物钟让她容易做出选择，她从不担心别人怎么看待这一决定——尽管有段时间她说要等到 35 岁再结婚，但这更像是人们问起私事时一句搪塞的话。不知不觉中，她（作为成年人）已经无法再把 12 岁时对妈妈说的那番话重复一遍了。

"我看着那样的人生轨迹说：'不行，那不是我的人生路。我的路我要自己闯。'现实生活中没有可供我模仿的人，所以我要闯出自己的道路……不要顾虑别人的看法，也不必顾虑我应该做什么，只要做对自己最好的事情就够了。"

我真的很佩服艾伦知道自己想要什么，实际上，有很多女性朋友并不知道自己是否想要孩子，要么是觉得自己还没准备好，要么是觉得快来不及了。我有很多朋友经历过艰难的试管授精。我和她们聊过，那痛苦的卵子冻结过程要经历几周的注射、治疗和恢复，只是为了延长选择和决策的时间。有一些朋友经历过对身体伤害极大的流产——有几个人还是在怀孕的最后几周。每个人都有自己的经历，对于一些人来说，这样的经历比其他人的更艰难、压力更大，甚至更残酷。

不仅仅是没有孩子的女性，我的商业伙伴历经多次流产、接受卵子捐赠失败之后，依然通过代孕奇迹般地得到了一对双胞胎。

即使在我自己的家庭中，我也知道我的丈夫（他是独生子，从未有过任何兄弟姐妹）希望有一个更大的家。如果我们生了第三个孩子，他会心花怒放！但是，对我来说呢？我还没拿定主意。我的事业如日中天，有两个漂亮的孩子，如果生了第三个孩子，搅乱了这一切怎么办？但是，如果不生第三个孩子，到头来后悔了怎么办？问题是我真没有时间犹豫不决。无论是没有孩子还是有十个孩子，或者你正在经历第四次婚姻，又或者你孤身一人——决策的压力永远不会放过你。

我可以选择，我知道这已经非常幸运了。美好的是，面对这种情况的每位女性，不论怎么选都是正确的。选择不生第二个、第三个孩子或者干脆不要孩子，与选择生孩子一样重要。有时，我们无法控制、理解一切，这迫使我们在选择家庭作为选三样之一时必须做出艰难的抉择。有时，我们明白家庭不适合我们。（但是，万一我生了第三个孩子，你——老三——从来都不是糟糕的决定，也不是浪费我的时间。爱你！）

那么，如果这一切被一下子夺走，会怎么样？丽贝卡·索夫就经历过，她是独生女，认为家庭是自我身份的核心。失去祖母后，丽贝卡发现自己很孤单。随后，她的知心朋友——她的母亲也突然在车祸中丧生。最后是她的父亲在几年后心脏病发作去世了。你极度渴望选择家庭，却没有这个选项时，会发生什么？这就是丽贝卡所面对的生活。

我们是家人……可我们正在吵架

家庭冲突真实存在。如果你正身陷家庭闹剧，可以考虑以下几点：

写下来。有时候，写下来可以帮你更好地表达自己的感受，让你可以控制自己的情绪。

引入中立第三方，让他协助你们讨论。可以是朋友、宗教社区领袖、邻居或者官方调解员。让中立的第三方加入讨论，有助于让你们保持理性，听得进他人的意见。

咨询专业人士。无论是心理咨询师、网上互助小组，还是其他的途径，寻求外界的帮助，往往会让你受益匪浅。

在中立区办一场家庭聚会。也许感恩节晚餐聚会最好在餐厅办进行，而不是在某人的家里办。请其他客人参加，或者计划一些活动，效果可能会很好，还可以创造让所有人讨论的话题。

家庭革新者

这些人在生活中遭受严重的挫折，这迫使他们重新调整，重新考虑如何定义和选择家庭。

我的至暗时刻是，我意识到"我再也没有家了，感恩节再没有人盼着我了"。我对父亲葬礼上的拉比说了这句话，他说："你说得对。你必须创造新的生活基础。我不想说些好听的话安慰你，因为你必须这样做。所以，弄清楚你的新基础是什么，并且把它创造出来。"这才是最好的建议。

——丽贝卡·索夫，缅怀去世亲人网站的创始人丽贝卡在她 30 岁左右时失去了双亲，单身一人，也没有孩子。于是，她彻底改变了她的生活方向。现在，她在帮助成千上万有过类似痛苦经历的人。这并不是她小时候的理想，她的理想不是建立缅怀你所爱的逝者的网站，而是成为一名记者。她在《扣扣熊晚间秀》工作了几年，但在相继失去祖母和母亲后，她的天塌了。

丽贝卡开始遭受严重的创伤后应激障碍症的折磨。作为独生女，她只剩父亲一个家人，她越来越害怕他会遭遇不测。她经常会开几小时车去看他的状况好不好。当她最害怕的噩梦成真——父亲去世时，"我以为我的一生就此终结，"她泪流满面地告诉我，"我当时深信这世界上没什么可留恋了。"丽贝卡在 34 岁那年成了一名"孤儿"，惶惶不知所措。她一直是一个凡事以家庭为重的人。"我的自我认同感彻底崩塌了。我当时想，我是依恋父母的女儿，我是家庭美满的人。突然间，这些东西都没了。"

丽贝卡用尽每一丝力气，好让自己不会完全崩溃。工作时，她不得不强颜欢笑，来附和同事们的笑话。她觉得自己像在演戏。"我很难找到能有所共鸣的人来讨论这个问题。人们会问：'你还好吗？'但是，我不想坦承我过得有多糟糕，不想成为人们在茶水间的谈资。我有很多朋友，但他们都不知道该怎么帮我。"

有一段时间，丽贝卡拒绝了很多活动的邀请，因为它们会让她痛苦、难堪。她告诉我，在母亲节和父亲节打开社交媒体账户是一种多么难受的体验，因为上面满是人们和他们父母的甜蜜合照。"很多年过去了，我还是非常嫉妒双亲健在的人。我拒绝了几个婚礼邀请，因为不想看到爸爸挽着女儿走过红毯的场景。在母亲节那天，我会选择去公园看书。"

今天，丽贝卡建立了自己的家庭，有了自己的丈夫和两个可爱的孩子。在我们的交谈中，她真正激励了我，并教会我：无论多么困难，任何事情都可以从灰烬中重建、改造、翻新。"你找到了你的家人。我的父母是我最好的朋友，我每天都在想念他们。我发现自己仍会有这种情况：'我应该给我爸爸打电话告诉他。哦，等等，我不能。'他们从未见过我的孩子，这对我来说真的很难。我依然是一个以父母为重的人，所以我找到了其他人的父母。我努力生活着。"

现在，很多人通过她建立的网站缅怀亲人。丽贝卡帮助他人度过类似的困难时期，让人们能够分享和共同面对在失去亲人这件事上的感受。死亡至今仍然是一个禁忌的话题，人们觉得谈论死亡总是令人沮丧的。"你肯定会遇到这种事情，这是每个人都要经历的，我们所爱的人总有离开的时候。缅怀亲人网站就是为了帮助大家面对这件事情而建立的，让死亡成为一个常规的话题。如果没有经历这种事情，我们也不需要如此。这个网站的建立，灵感来自个人的创伤经历。"

整天都在写与死亡有关的东西，这听起来有点儿令人沮丧，但是当你见到丽贝卡时，你会发现她绝对不是一个沮丧的人，她比任何人都阳光、开朗。丽贝卡就是一个乐观向上的"发光源"，她的笑容是爽朗、友好的，她拥有乐观、积极向上的人生态度和一双温暖、热情的眼睛。"我不认为缅怀亲人是一个关于死亡的网站，我觉得这是一个关于生命的网站。这是一个充满韧性和乐观的网站，是被留下的那个人及其往后生活的网站。"

如果你也有过同样的经历，你要知道，在我与丽贝卡的谈话中，我最大的收获便是即便从传统意义上讲你已经没有家了，但你仍然可以选择家庭。丽贝卡一直认为她是一个家庭至上的人，也一直以家为优先选项。她只是重新定义了家在她生活中的意义。当她没有家的时候，她和她的公司，与缅怀亲人的人创建了一个家。最终，她与丈夫和孩子一起建立了一个新的家庭。

也许在看到这本书时，你正经历着迫使你重新调整生活重心的困难时期。如果觉得自己永远无法从伤痛中走出来，你将无法克服困难，再也选不出属于你自己的三样，那么不妨听一听丽贝卡的慧言吧。"我原以为我的余生都只剩下伤心、难过了，但你得走过每一棵树，才能穿过一片森林。你所能做的，只有迈出步伐向前进，走好往后的每一步。人生潮起潮落，美好的事物总会被冲刷到沙滩上。对我而言，那美好便是与我一同建立这个网站的搭档，还有我的丈夫。我总觉得他们是我妈妈送来给我的。还有我的孩子们，我从未想过我会有两个孩子。我不知道你将在什么时候以何种方式遇上你的美好，但一切都会好起来的。"

如果你跟丽贝卡一样，有过类似的经历——失去过亲人，我希望你也能找到重塑生活的办法（你可以在缅怀亲人这个网站找到支持）。除了血缘和DNA之外，我们还有很多种办法去衍生出属于我们自己的家。我们可以有交情深厚的朋友，也可以建立新的家庭——正如丽贝卡所做的那样。

我们甚至可以选择这样一份事业，如果在工作中的同事都是以家庭为重的人，你和你的同事的感情可能会亲如家人。但有时在职场上，"家庭"这一概念并没有得到应有的重视。美国是世界上唯一没有产假或丧假的发达国家。[20] 有些公司并没有把家庭事务放在考虑的范畴之内，因为家里有紧急事务要处理而离开工作岗位的家长们会受到惩罚，甚至被开除。

如何应对不愿让你选择家庭的老板

工作和家庭常有冲突，这可能会导致人们的压力水平上升，甚至让配偶伤心。在阿拉莫租车家庭度假调查中，大约有一半的美国工人在报告中表示自己感到"度假羞耻"，或是对计划度假感到愧疚。因此，调查报告说，家庭度假的质量正在受到相应的影响。49%的美国工人认为，一个家庭一起旅行最重要的益处是和家人共度美好时光，但近三分之二的工薪家庭表示他们在家庭度假时是花时间在工作，有一半的工薪家庭说这是因为他们不喜欢放假回来后面对工作堆积如山的情况。报告显示，妈妈们比爸爸们更有这种感觉（比例是52%对38%）。最重要的是，超过20%的美国工人表示，他们在度假的时候会期待有工作需要他们处理，尽管大部分人（53%）更愿意在家庭度假时没有工作打扰。[21]

那么，当你有一个难缠的老板时，你要如何才能享有优质的家庭时间呢？朱莉·科恩是执行教练，也是工作/生活/领导者项目的创始人兼首席执行官——这是一个为期一年的项目，面向那些想专业转型的人。她是一位工作和生活方式专家，为客户提供各种建议，包括婚后更改姓氏和怀孕期间寻找工作的利弊。她说应对老板这件事情既棘手又重要。"当老板的期望影响了你的个人生活或占用了你的家庭时间时，最好早点提出来，因为你不说，老板便以为你对他的安排没有异议。而你却会不断沮丧、愤怒、疲惫，甚至无法让你以最佳的状态工作。"

对！那么，我们怎样才能在不惹怒老板的情况下，与他们谈论这个问题呢?

"通常情况下,以表达对老板风格(期望)影响的担忧与老板进行交谈,可以停止或至少减少不良影响。要提高这种意识,你得和老板一起讨论如何为公司(组织)创造最佳结果,并解释你的最佳工作方式。专注于双方都想要的结果(高质量的产品、创意、全面的分析等),并解释你如何能做到这一点。你可以说明你的偏好,同时表明你也可以灵活变通……但是,你最好的工作状态是在特定的时间里完成的。"

有时候,老板可能并不关心,然后你又回到了原点。但是,进行对话仍然是一个很好的起点。"如果没有谈话,你就永远得不到更好的结果。理想的情况是,你想要一个清楚你最想要的工作方式的老板,一个当他所提供的和你需要的不一致时,你可以和他沟通的老板。"

好吧,但是我在博拉博拉岛的白色沙滩上读正在写的这本书的时候,我的老板已经发短信并给我打了 20 个电话。我现在就需要他们清楚我的底线。救命啊!

"以更委婉的方式来解决休假时工作的问题:在你休假结束之前,或是在你想工作之前,忽视它们。你可以测试一两次,看看会发生什么。有些老板可能会在你休假的时候发送消息并传达请求,因为他们还在工作。他们可能并不期望收到你的即时回复,或者等到第二天再收到回复也行。就像全球其他时区的同事在他们工作时会发送消息和请求，但在还没到你的工作时间之前，他们并不期望收到回复。你可以尝试将这种方法用在你的老板身上。如果有问题，他们会告诉你。如果没有，你会发现你拥有比你想象的更多的自主权。"

与会缩短你家庭时间的老板打交道时，可以采用朱莉的作战计划：

"首先，评估老板的行为对你以及你的工作能力的影响。一旦你明白了这一点，请与老板对话，试图直接解决问题。将对话的内容和主题放在与业务相关的点上，并把你关注的问题设定为如何提高你的工作能力，如何能更有效地完成工作。

"其次，具体解释有什么是不起作用的。除了进行对话之外，最好在出现问题时记录你的问题，并保存与你的问题相关的任何电子邮件或语音邮件。理想的情况是，你想与老板一起解决问题，而不是让你的老板成为'坏人'。

"最后，如果'不良行为'不是你自己能解决的问题，可以寻求其他人的帮助，可能是另一个组织的领导者或人力资源的专业人士。当然，如果这种行为对你或他人有害，或者是非法的，请尽快离开这个环境，并到安全的环境中寻求帮助。"

总而言之，朱莉说："'足够'是因人而异的，取决于你的工作需要和你究竟想要什么。需要考虑的一个方程式是，工作中的压力、挫折或不安会变得大于你所拿到的福利（金钱、享受和成就，仅举几例）。变化是基于价值观的，所以面对难缠的老板，每个人都需要确定他们能接受和不能接受的界限在哪里。"

如果你的老板一直不尊重你对家庭时间的需求，你有两个选择：留下并坚持下去，或者，你可以找其他的工作。但是，当面对家庭事务时，你并不总是有选择，特别是当孩子生病或受伤时。记得有一次，我刚下夜间长途飞机，刚打开手机，就收到一个语音邮件说："你的儿子被送进了急诊室。赶紧过来。"（幸运的是一切都没事了。）"为人父母就是这样的。"有很多已为人母的朋友都这么跟我说。但有时，为人父母是那么让人无法缺席，所以关注孩子不期然地成了一份需要我们时刻关注的工作。

一方有难，八方相助

当生活为难我们时，我们想披上超级英雄的斗篷，试图独自解决所有的问题。但无论是你出生的家庭、你创建的家庭，还是社区家庭，你周围的人都想帮助你——如果你愿意接受他们的帮助的话。以下是关于在艰难的时候如何帮助你的建议。

告诉人们如何帮助你。一个新生儿，一个跨越全国的行动，应对疾病，意外的悲伤……只要你说出来，人们都会想帮助你，只是他们可能不知道怎么做。你是否希望人们带饭或购买杂货？你需要别人帮助你照顾亲人吗？你需要什么具体的物品吗？

给人们提供切实可行的方法，来帮助你获得你想要的支持。无论你是从成瘾症中恢复过来、专注于变得更健康，还是想过更快乐、更美好的生活，都可以向周围的人寻求帮助。加入支持小组，与其他人一起渡过难关。告诉你的亲人，他们如何能够支持你想做事情，以免影响你进步。找出生活中不支持你且对你有害处的人，学会有距离地爱他们。

招聘人才。当你刚生完孩子的时候，有一个家人可以依靠是一件很好的事情，但你很难给家人提供反馈或是要求他们做各种各样的事情。有一个室友经常做饭很让人高兴，但如果他们经常制作不健康的食物，拖后你成功的步伐，那就不好了。弄清楚在你的生活中有哪些因素会给你施加压力，并使你与亲人产生冲突。然后，弄清楚你是否可以通过调整预算来引入专业帮助。多花点钱来挽救你和亲人、朋友间的关系，这是值得的。

家庭超级英雄

这类人，选择偏重家庭，是为了支持他们爱的人。

我是否后悔自己做决定的时候优先考虑我儿子的利益？没有。但是，我承认，有时候我也会怀念职场上的那个我。人生中的某一时刻，所有母亲都会处在这种为人母的十字路口。我也一样，那是我试着以我人生中重要的事情为优先的时刻。最根本的原因是，我这辈子什么时候重归职场都行。工作可以再找，钱可以再存，但我的儿子需要我在他身边——作为他的母亲、他的导师、他的朋友、他的后盾。

——拉穆亚·库马尔，自闭症支持者，母亲

可悲的是，对于一些人来说，跑急诊室不是一天就能完成的事情，我最多的时候在急诊室待了 48 小时。但是，有些父母必须做出艰难的决定，选择永久性地改变他们的生活，以满足家庭的需要。以拉穆亚·库马尔为例，她从商学院毕业并获得 MBA 学位之后就成了一位专业银行家，渴望成功，并且在职场上以极快的速度升职。拉穆亚刚被任命为她工作的跨国银行的副总裁时，她的自闭症儿子的临床医师建议她尽可能花更多的时间陪伴她的儿子，特别是因为她的儿子对母子之间独特的、强大的牵连有很好的反应。

拉穆亚的丈夫承担了家庭的大部分经济责任，因为有四年的时间，她继续工作，并且不断去拜访不同的治疗师和医院，三点一线。然后，她意识到工作和她的儿子，这两者她没有办法百分之百地兼顾。她重新评估了她的优先事项——工作或儿子——她的心知道应该选择哪一个。于是，她离开了工作岗位，全天候地照顾她的儿子。

选择待在家里照顾她的儿子，在经济上和个人生活上都是一个艰难的决定。放弃一份已经成为她长期生活的一部分、让她赢得了尊重并赋予了她个性的事业，的确很难。但是，她儿子的需求超过了一切。虽然她对自己在生活中所取得的成就感到满足，并对她迄今做出的决定感到满意，但她承认她的脑海里还是时不时会有些挣扎。"我了解到我的身份是我相信自己的身份。事实上，我的身份一直在不断变化。话虽如此，当我想到在这个世界上对我来说最重要的东西是什么时，那必须是我的儿子。"

决定成为家庭超级英雄，每天也要面临各种各样的挑战。拉穆亚仍然在为实现自我价值而苦苦挣扎，她觉得每天都要高效地证明自己能创造价值。有时候，她会太过努力、太强迫自己，这导致她很焦虑，压力很大——比她从事有偿工作时承受的压力还多得多。她必须应对她自己的失望和挫折，而且往往不仅感到内疚，还会质疑自己的能力。"有了这种选择，感到孤独和社交孤立的风险非常高。你可能渴望与成年人谈话，以此来保持你的理智。社会变化如此之快，你可能会感到被世界遗忘了。你有时会感到自卑！"拉穆亚说，"世界似乎变成了一个更加可怕的地方。"

拉穆亚说，各方面都变得很可怕。首先，当你选择家庭作为职业时，你就是一个全天候的工作者，即使是公休或者度假也要加班。最困难的是，你很难取悦你的"老板"！另外，你周围的世界总是以不同的方式对待你。

"对于现代社会来说，你突然无法理解这个现代社会了，变得刻板、守旧！我们这些为了抚养孩子放弃事业的人常被人嘲笑。职业家庭主妇这种角色已经退化，不再被视为令人钦佩的追求。这对我们已经逐渐减少的自尊没有多大帮助！"

拉穆亚称她的儿子为她的"导师"，因为他给了她对生活的绝对哲学洞察力。"人们踏上旅途是为了寻找生活的目标，在书本中寻找人生的意义和精神导师。我的'导师'与我同住，我只需要了解他的教学方式。他默默告诉我，我并不完美。我改变不了不可改变的，不能总是按照自己的方式改变我想改变的事物，我必须学会有耐心。即使生活是如此黑暗，我也必须看到光。"

如果拉穆亚没有照顾她的儿子，她仍然会追求社会地位、参加职场竞争，但与她的儿子在一起，这给了她一个新的生活视角，让她学会了停下来仔细观察每一个细节，并对它的美丽感到惊讶。她幸福地生活在这一刻，并欣赏这些小事儿。她儿子告诉她，生命中最有价值的东西是……她儿子。

但是，这并不意味着只有牺牲。成为家庭超级英雄可以很有趣！拉穆亚说，你成为你的孩子最好的朋友的过程，也是你重温童年的绝佳机会。她建议跳水坑，与孩子一起欢乐，并与他分享你孩童时做的事情。你可以再过一次童年——这是最大的回报。"让你的孩子引导你进入他们神奇的世界，与他们一起体验生活。这是一个真正放下你成年人包袱的机会，通过你的孩子的眼睛看待生活。相信我，突然间你可以看到生活的全新意义，你对一切的看法都会改变。"

重要的是，要注意在父母双方中，女性不是唯一倾向于牺牲的一方。拉穆亚说，父母双方往往拥有相同的家庭、生活和职业抱负。但是，由于个人情况、财务需求、可用的支持系统以及许多其他变量，生活如何发挥作用通常是不同的。"由于母亲通常被视为世界上大多数情况下的主要照顾者，因此在很多情况下很容易扮演照顾者的角色。"

虽然女性在工作中"付出了做妈妈的代价"是很常见的，但这仍然是一个非常个人化的决定，因家庭而异，取决于每个人不同的情况。"总的来说，每个人都根据自己的优先事项投入时间和精力。在大多数情况下，包括我的，目前的情况要求我成为我儿子的支持者和他的后盾，我很乐意接受自己的角色。这是我的决定，因此'牺牲'这个词并不合适。"拉穆亚说道。

虽然拉穆亚说这对于她而言并不是牺牲，但她承认有许多父母确实为了家庭有所牺牲。许多工作的父母选择以牺牲自己的职业道路为代价来满足孩子的需求，也有许多人由于经济条件不允许，只能被迫选择工作，而不是养育子女。

然而，拉穆亚确信她为自己的家庭、事业和生活做出了正确的决定。"这是一个艰难的决定，但再让我选一次，我还是会做出这样的决定，因为这对我和我的儿子来说都是正确的。"

我知道很多人出于各种各样的原因会觉得这个故事很熟悉。当你有一个家庭时，你就有了依赖你的人。他们有需求，也会遇到前所未有、无法预测的情况和事情，你只是发现自己进入了动物本能的保护模式。有时，我们很幸运，危机是短暂的。但是，我已经和很多父母谈过了，他们不得不离开他们所爱的事业，搬到一个新的地方，找到一所不同的学校，成为争取更好医疗保健的倡导者——他们突然有了很多新的生活优先处理事项。在此之前，他们从未想过会这样。如果你是你家的超级英雄，我想问你两个问题："你有你自己的超级英雄吗？如果你忙于优先考虑并照顾他人，谁会优先考虑并照顾你？"

我现在的生活并不需要我选择每天都跟我的儿子们待在一

起，但这并不意味着我总是这么想，或是当需要我在场的情况出现时，我不会及时改变我的想法。我非常钦佩那些选择留在家里，并且每天都选择家庭的父母。

我知道所有父母都要感谢一件事：无论我们是在家还是在工作，或者住在机场，我们都感谢那些在儿童娱乐事业中工作的聪明、特别优秀、考虑周全的人。

家庭变现者

目前的职业和使命是为家庭创造产品！

这一代人正在成长，恐怖主义是他们生活的日常内容之一。孩子们非常了解政治和全球的情况。当一年级的学生在学校进行禁闭演习时，我们需要用超级英雄武装他们，使他们感觉强大，委婉地提供信息以帮助他们，并进行表演使他们感到安全。这是我一直以来的想法。

——哈莉·斯坦福，吉姆汉森公司电视总裁

帮助其他人选择家庭是哈莉·斯坦福的长期职业。哈莉是在单亲家庭中长大的孩子，她只有妈妈，她看了很多电视节目。她喜欢电视节目，尤其是儿童电视节目。当她感到孤独时，那些故事和人物一直陪着她。即使已经读高中了，她仍然很喜欢看《蓝精灵》。她越来越想为孩子们创造一些东西，让他们体会到一些节目曾带给她的感受。她把自己想象成一位母亲，在电视上讲故事。如今——她已是吉姆汉森公司的电视总裁，她开发能让家庭更加亲密的电视节目。而且，我很幸运能够与她一起工作，担任《点点》的联合执行制片人。

哈莉意识到，她通过吉姆汉森公司制作的电视节目培育了数十万儿童。她创造的故事激发了孩子们的想象力，帮助他们找到了自己的激情。父母和孩子可以一起看这些故事，一起创造新的记忆。每个节目都为家庭提供了一个机会工具箱，为儿童开辟了新的世界。"也许你不生活在海边，但是看了一场关于鱼的节目后，你就突然有了学习更多相关知识的想法。"

孩子们有最好的想象力，因为他们一下子学到了很多东西。哈莉从为学龄前儿童设计节目中获得了乐趣，对她而言，找到可触动每个家庭成员的故事是一项激动人心的挑战。现在是激励人们变得更加勇敢、更有创造力的最佳时机。"我们总是在努力让自己写出更优秀的故事。我们玩得很开心，拥有很多的闪光点、独角兽的角和地精。"

吉姆汉森公司的员工的许多孩子都是在这个地方长大的，哈莉最早接触的婴儿们现在都要高中毕业了。有一种奇妙的文化，父母让他们的家人参与他们创造和生产的过程。"当我们想测试某些东西，比如想知道青少年喜不喜欢木偶戏时，我们会让自己的孩子参加试播节目的拍摄。他们是社区的一部分。"

哈莉将育儿和孩子带入她所做的一切，思考他们需要什么以及如何把这些东西放在制作节目上。"前段时间，我就我儿子喜欢跳舞一事制作了一个节目。我想，哇，我们一直认为跳舞是女孩子的事情，所以我们开发了动物果酱庄园。我喜欢和我的大儿子一起看电视，以便做研究。"

哈莉说她很想制作我们的节目《点点》，因为它可以为孩子们的现代生活做好准备，使他们成为优秀的数字公民，这是每个家长心中都想要的。"我觉得父母想知道他们的孩子如何在这个世界上生活。他们担心未来：'我们看到资源的有限，我们看到未来的可怕，所以我们如何让孩子也理解和感受到？'你想保住孩子们在他们这个年龄应该有的童真吗？我们不需要开阔他们的视野——他们自会观察、学习。"

我特别感谢能与哈莉一起制作《点点》，因为我觉得创作这样的作品，作品里能有我的孩子，这感觉真的很奇妙。当我写出让我们屡获殊荣的电视节目的原著《点点》这样一本关于一个技术精湛的女孩和她的冒险经历的书时，我的长子是我生活中立马想到的第一个（也是最重要的）读者。后来，当我开始举办《点点》巡回书展时，我的儿子坐在我旁边，和我一起大声朗读故事，让我的工作更加愉快和有意义。

在演出发布会上，我的两个儿子都成了妈妈工作的一部分。当我发表演讲，感谢长子在《点点》（和我的）旅程中的陪伴时，我能感受到我的长子的骄傲。

现在，我的儿子们会跟别人炫耀《点点》，好像这本书是他们的"二维妹妹"。并且，我最新的儿童书《总统小姐》还是他们目前最喜欢的书。

我的孩子们参与了我的许多工作，从拍摄商业广告（耶鲁大学基金）到推出以科技为主题的咖啡馆——苏的科技厨房——我不会更名的。没有什么比看到你的孩子为你的工作感到自豪，真正了解你的工作更让人开心的了。我的儿子们的老师告诉我，无论何时，让他们在学校挑选一本书，他们都会选择《点点》。并且，他们会向他们的同学惊呼："那是我妈妈的书！"没有什么能与那种感觉相提并论。谢谢你，哈莉。

我能看到的一件事是，当你的工作和家庭如此无缝地融合在一起时，有时候很难将它们分开。有时，我的儿子们不想和我一起去苏的科技厨房工作，他们只想和妈妈在一起。有时，我需要进行一次与成年人的对话，而这种对话并不完全围绕着9岁的《点点》展开。我和哈莉经常因为以下情况而哈哈大笑：儿童娱乐事业中的一些人是那么认真地对待他们的工作，以至于他们忘记了自己可以站在后面，微笑、欣赏他们正在建设和创造的东西。因此，不管你是何种家庭变现者，都要确保你有的工作与生活分离。

在哈莉这样的领导人的掌舵下，我对儿童娱乐事业的未来非常期待。

在团体中寻找家人

家人不仅限于与你共享 DNA 的人，继亲家庭、混合家庭、领养家庭等也能让我们感受到类似的亲情。

有时，原生家庭过于复杂、有害，甚至完全不存在，会导致人们向外寻求可以替代家庭位置的团体。于是，许多人会投奔精神或宗教团体。

威廉是 Vanderbloemen 猎头集团的首席执行官兼总裁，该集团是一家牧师猎头公司，帮助教会和神职人员建立优秀的团队。我问过威廉是否认为宗教团体可以满足人们向外寻求家庭的需求。他告诉我，宗教机构绝对可以取代家庭的位置。

"人们加入宗教机构有很多契机，例如一个儿童活动、一个盛大的节日、一个危急时刻，或者是朋友伸出的援手，但他们留下却都是因为他们所建立起来的关系。"在与成千上万的宗教团体合作期间，目睹原本毫无关联的人们的集会比威廉认识的许多家庭都要亲密之后，他明白了这一点。

记住，家庭的定义并不一定是你出生的家庭。它可以是你建立的家庭，也可以是你所融入的团体，它能支持并认同你的信仰。如果你没有从原生家庭中获得满足感，可以尝试寻找其他团体，例如宗教或精神团体。它们可以填补你的空虚，并让你产生归属感。

这就是威廉认为他的工作十分重要的原因。当他被指派去聘请牧师时，他觉得自己招聘的是家庭，因为对团体中的人来说，这就是这位精神领袖的身份。"在过去的几年里，我们花了很多时间和金钱，试图学会如何为一份工作面试整个家庭。"尽管客户招聘的是一个职位，但威廉认为至关重要的是，将要入席的这个家庭已准备好以爱和信任服务这个团体。

我们是一家人

我希望我能给出很好的建议，关于如何在你专注事业的同时还能成为模范家长，或者模范孩子，但我远远算不上是一个完美的母亲、女儿或姐妹。坦诚地说，在选择家庭的时候，我会尽心尽力：我会打电话给妈妈，和妈妈进行愉快的交谈；我会和我 93 岁的奶奶视频聊天；我会优先考虑与孩子共度美好时光。只要我出现，我就会身心专注地陪伴家人。但是，我也有忙碌的事业，所以我不会每次都选择家庭。我不是每天都接送孩子上下学，并准时一起共享晚餐的妈妈。我不是每周都给兄弟姐妹打电话的人。（反正我能在社交媒体上看到他们发生的一切！）也许你的优先顺序不同，这也完全没关系！这就是我写这本书的原因——我们都有不同的优先顺序。不应该去批判谁做了什么，何时做或者如何做，只要他们做了就好。

就在上周，我去我儿子的课后活动场所接他。学校的接送有一套仪式："如果你接的是篮球活动参加者，请举手。"一半人的手举了起来。"如果你接的是国际象棋活动参加者，请举手。"另外一半人的手举了起来。然后就是："如果你不记得你的孩子参加的是什么活动，但你很高兴你能来，请举手。"一只孤独的手举了起来——我的手。（如果你想知道的话，他参加的是篮球活动。全世界最淡定的妈妈就在这里，伙计们。）

很多时候，我都充满了内疚，但其他时候，我可以拿这件事开玩笑。我喜欢称呼自己为一名专业的技术宅女和业余的母亲，但说实话，我完全不知道自己在做什么。母亲这个身份，是我有史以来最艰难、最漫长的事业，每一天都会有新的战略重心。

每个人都有自己选择或不选择家庭的理由。事实上，"家庭"这个词对不同的人意义不一样。无论你是否优先考虑你出生的家庭、你组建的家庭、你创建的家庭，或是以精神交流、社团为目的聚集的家庭，我们都会以不同的方式定义"家庭"

这个词。十年后，你想从家庭中得到的东西可能与你现在想要的截然不同。但是，你知道吗？这都是可以的。如果你现在没有优先考虑家庭，不要感到内疚，不要让其他人把他们的价值观强加于你。如果你确实优先考虑家庭，那很好，无论那个家庭是什么样的。如果因为生活给你带来了意想不到的家庭情况而使你感到人生艰难，你也要明白，你并不孤单。人们都在寻求归属感，因为作为人，我们需要归属。归属于爱人、朋友、家庭，以及我们各自的文化、社会、国家。

归属是幸福和健康的基础。《科学》杂志的一项研究表明，社交联系可以增强我们的免疫力，帮助我们更快地从疾病中恢复，甚至可以延长我们的寿命。[22] 与他人有更多联系的人有焦虑和抑郁倾向的可能性会更低，所以，无论家庭对你意味着什么，我们都比你想象中有更多的共同点。

健 康

目的、计划和责任，方使健康成为一种生活方式。

——托尼·霍顿，演说家，健康专家，P90X 的创造者

健康对于不同的人来说意味着不同的东西。在我看来，健康意味着与身体和心理健康有关的一切事情。很多时候，两者是齐头并进的，我在马拉松训练中已有所体会。在大学四年级过了一半的时候，我感觉所有人毕业后都有一堆工作排着队等他们——除了我。我没有走上常规的道路：管理咨询、投资银行、医学院或法学院，都不是。我想在营销或广告公司工作——它们通常不会提前招聘，所以我完全没参与在毕业前就早早开始的校园招聘活动。虽然我的大四是我人生中最有趣的一年之一，但我不禁对自己的未来感到有些不确定。在高中时，我知道前路是什么：只需要尽力考高分，努力学习，上最

好的大学。但是一旦从大学毕业，未来就是一个充满期待和未知的无休止循环。

我开始疯狂地交际，申请所有可能的市场营销工作，打电话给所有从事广告工作的哈佛校友。但是，他们的答复都一样：所有空缺职位都需要立即入职；如果你无法在两周内开始工作，请在毕业后再与我们联系。好的，谢谢，再见。

为了让自己走出困境，我决定，如果我将成为唯一一个没有工作的哈佛大学毕业生，那么我将重新选择一个我可以努力并为之骄傲的目标。因此，在与我的朋友苏珊度过一个漫长的廉价葡萄酒和泰国食物之夜后，我们决定报名参加芝加哥马拉松比赛。

如果你以前从未真正跑过，马拉松训练听起来会像是一项有趣的挑战。一开始是痛苦、血腥、地狱般的。我并不知道要长跑 26 英里，失去一个脚趾甲，或是出现"撞墙"现象后在路边直不起身子会是什么感觉。但是，既然定下了目标，我就要坚持下去。令我惊讶的是，我看到了自己显著的进步。随着里程数的增加，我越来越强。我才 21 岁，突然觉得我有更高的目标，远远高于找到工作。

芝加哥马拉松比赛将于 10 月初举行，所以我的想法是用一整个夏天进行训练（并且，与我父母一起住），参加马拉松比赛，然后再专心找工作。但是，正如俗话所说："计划赶不上变化。"就在毕业前几天，奥美国际给了我一个工作机会。一份工作！我的天啊！我的转折点吗？我周四毕业，周一开始工作——否则就没有工作。

但是，我不能就这样放弃训练，我已经支付了报名费和去芝加哥的路费。再说，我的朋友苏珊也指望着我。且不论马拉松不支持退款，无论如何，我都不能放她鸽子。

那就周一开始工作吧！

我竭尽全力做到一切。四个月来的每一天，我都早上5点起床，跑步，坐一小时的列车到曼哈顿，工作十几个小时，再坐一小时的列车回家，与父母共进晚餐，昏倒在床上。日复一日。我非常疲惫，想减少我的训练，但是一位优秀的马拉松选手朋友说："不行！一天也不能停止训练。即使你只跑一英里，也总比没有好。如果你停了一天，就很容易放弃接下来的所有训练。"所以，我只能硬着头皮继续。在黑暗中奔跑，在雨中奔跑，在湿热的32℃像3,200,000℃的天气里奔跑。有一次，我跑得脱水，难受得停在路边休息。我离家好几英里，手边没有手机。（2003年的时候！）除了跑步，我没有办法回家！我是一个肩负使命的女人。

我的生活都围绕着训练和工作。（虽然在我去芝加哥参加马拉松比赛之前，我和最终结婚的对象约会了几次，但那是另外一码事了。）

马拉松周末终于来了。全家人都去支持我，穿着"冲呀，兰迪"的 T 恤站在起跑线上。那天的温度还不到 26℃，绝对不是跑马拉松的理想天气。我和苏珊在手臂和腿上都做了彩绘，在起跑线上兴奋地来回跳动，整装待发，但这是我最后记得的真实记忆。我知道有人在 6 英里处喊道："你就快到了！"我想把他们的眼睛都挖出来。我记得有很多人举着"冲呀，小熊队（芝加哥棒球队）"的标志。一想到这两个不是同一种运动，我就被逗笑了。等等，我是在打棒球吗？——我在 20 英里处开始意识不清楚了。我在 22 英里处出现了"撞墙"，所以苏珊不得不用数学题把我拉回现实。"兰迪，二加二等于几？如果你能回答出来，那你也能跑下去！"我终于在 4 小时 29 分内完成了比赛，人们向我献上了一枚奖牌、一件银色披肩和一杯啤酒。（嗯？好啊！）

尽管脚趾甲损失（受力过度的迹象吗），以及肌肉极度酸痛了几天，跑马拉松依然是我最骄傲的成就之一。在我开始训练之前，我最多跑过 4 英里，这还算难得的。训练教会了我要有毅力和自律，给予了我承担任何困难的精神力量。多亏了我的训练伙伴苏珊，特别是在跑最后几英里的时候，我的健康（和生活）目标差点儿就不可能真正实现了。每个人都需要一个教练！

健康专家托尼·霍顿，他最出名的应该是 P90X（也叫

"90 天魔鬼训练") 运动视频——这个系列共售出超过 700 万份，并彻底改变了家庭健身。托尼训练过很多人，从演艺明星到政治家（众议院议长保罗·莱恩是托尼·霍顿的忠实粉丝）。托尼不仅是我在电台节目上能采访到的最有趣的人之一（他称自己为"美国的健身小丑"），他还具有超凡的魅力和活力。他将自己的演艺事业梦想转变为成为这个时代著名的健身人物之一。

托尼以一种非传统的方式开始了他的事业。他在洛杉矶的 20 世纪福克斯公司电影组担任初级职员时，在空闲时间指导他的上司训练。托尼很快成为他上司不可或缺的助手，他的上司将他推荐给了他的第一位名人客户——汤姆·佩蒂（现已故）。托尼告诉我，汤姆·佩蒂打电话对他说："托尼，我要进行巡回演出了。我必须得塑身。你来帮我吧！"托尼快速做出了一个健身方案，帮助汤姆达到巅峰状态。"我让他骑自行车，并让他举重。他做完之后，就开始了他的巡演。从那时起，我的电话就没停过。"

健身爱好者

健身爱好者，是指总是选择健身，并且背后总有家人、朋友和团体支持的人。

我记得有一天，我告诉妈妈："我不想继续下去了。太困难了。"她说："好吧，没问题。我们再坚持三个月时间，看看你到那时的想法。"而 11 年后，我还在继续。她非常了解我，知道如果我放弃了会有多失望，她是对的。我总是在幻想"假如"的情况。待在想为你好的人身边，能帮助你获得成功。

——劳丽·埃尔南德兹，奥运会金牌得主

劳丽·埃尔南德兹只有 12 岁时，她在美国体操经典赛少年组中获得了第 11 名。几年后，她在 2016 年夏季奥运会女子体操赛中获得团体金牌和平衡木项目银牌。从劳丽第一次进行体操训练以来已经过去了 10 多年，她的目标仍然锁定在金牌上。

劳丽的成就众多，从克服膝盖受伤（曾令她考虑放弃）到出版《纽约时报》以及畅销书《我能行》等，但她为自己的热情做出了巨大的牺牲。"我从三年级开始就在家上学，放弃在公立学校上学，有些时候你不会介意，但其他时候会。有时候，我希望我能有更多的朋友。"

劳丽也不得不牺牲睡眠，这是我们三个珍贵选择中的一个。睡眠对于运动员的成功至关重要，这也是困扰劳丽的事情。不断旅行倒时差，缺乏睡眠，让她几乎赔上了她的职业生涯。"有一次，我在平衡木上。那天我累了，但我不敢去沟通。我只是想尽快完成动作，并且不想让疲惫成为一个大问题——我几乎不敢说什么。我记得我翻了身，摔倒在平衡木一侧，手腕骨折了。好几次，教训让我向领导说我太累了，但我都没说。"

大多数人从来没有体验过进入化境的感觉，在他们特定的道路上完成最伟大的成就——就如劳丽获得奥运会金牌。她知道没有别的东西能比得上她做自己喜欢的事情时的快乐。她知道她会有艰难时期，起伏不定，但只要坚持下去，做她一直想做的事，就是最好的选择。她建议所有正在努力争取获得成就的人，确保所做的是自己所爱的事情：如果你所从事的事业不能让你快乐，放弃其实很容易；但是，如果你真的想有所成就，那么你需要用尽你体内的所有力量去做，不要给自己留一个出口、一个逃生舱。

"我想说的是，'不要有 B 计划'，因为如果你有一个备用计划，那就等于你计划不去全力奋斗，"劳丽告诉我，"拼尽全力，抱有希望。"

劳丽知道在生活中，身体上会遭受一些痛苦，但对她而言，心理适应才是最具挑战性的。"我的大脑绝对喜欢对我耍花招，所以我确保我有关注自我的时刻，并记住当我在赛场上时，我要专注于我正在做的事情，而不去关心其他任何人。"

劳丽是一个完美主义者，甚至连她的母亲都说她对自己太严苛了，特别是她度过了难熬的一天时。有时，劳丽必须提醒自己，还有仍未取得她所取得的成就的其他体操运动员在努力训练。她必须切换思路来保持清醒。她还必须提醒自己是多么幸运，身边有一个支持她的家庭和团体。有鼓励她并为她牺牲自我的人，让她能够获得成功，并真正成为健身修行者。

至于未来几年会如何，劳丽说她一直主要关注工作、健身和家庭，未来，生活的重心可能转向朋友。但是，由于她的大多数朋友是体操运动员，而体操是她的事业、家庭和生活，健身明显是她每天的主要选择。

劳丽努力实现自己的目标。"这教会了我如何应对恐惧，以及如何尝试新技能。我看着他们试图教给我们的一些动作，我在想：'那是合法的吗？这是《星球大战》的东西吧。我认为这不是一个好主意。'我年轻的时候，会因为害怕它而不去尝试。但现在，我知道我会后悔不去尝试。也许我会摔得屁股开花，但如果不尝试，我会遗憾不给它一个机会。"

我对像劳丽这样出色的运动员以及他们为了掌握这种高超技能而做出的牺牲感到敬畏。不过，虽然我们没能赢得奥运会金牌，但我们仍然可以争取实现自己的健身目标，让我们感到类似的自豪感。

虽然 2003 年的芝加哥马拉松赛是我唯一参加过的马拉松比赛，但我的训练过程教会了我分解目标的重要性，以逐步实现更大的目标，带来更大的成就感和使命感。想参加马拉松比赛，你就必须认真训练，每周循序渐进地增加里程数。从那以后，我就开始设定我想在年底前实现的大型健身目标。乍听起来令人却步，但把它分解成每日目标时，就很容易把控了。

我有两次都给自己设下了跑完 1000 英里的年度目标。当你把 1000 英里看成一个整体时，这个目标似乎很难实现，但把它分解后，就只需要每天跑大约 2.5 英里，或者跑 20~30 分钟。这样，我是能做到的——只要我每天坚持。一天不跑就意味着周末要跑 6~8 英里，这就给了我每天坚持下去的动力。

我坚持每日记录，这样我就可以看到里程数的增长，这能给我一种成就感。这种成就感反过来又促进了我的工作关系和私人关系。我设定千里目标的第一次（2012 年），我在 12 月 29 日完成了。我设定目标的第二次（2016 年），我在 10 月就完成了。并且，我把目标重新设定为 1100 英里。千里之行，始于足下。

你不一定是一名职业运动员才能成为健身爱好者。例如，我的好朋友伊丽莎白·威尔就是一直以运动为先。她参加过马拉松、超长马拉松、铁人竞赛……凡是你说得出的比赛，她都参加过。她说健身在她生活中的地位是"不可动摇"的，她甚至是在进行铁人三项训练时结识的她丈夫。我问她有没有停止过健身。她说，有的，她在第一次怀孕期间卧床休息了几天。所以，每当你缺乏运动的动力时，就想想伊丽莎白—— 一位忙碌的技术高管，三个孩子的母亲，每周都跑几十英里——赶紧把你的屁股从沙发上抬起来。

让你的健身更上一层楼

健身爱好者喜欢提高他们的健身难度！以下是一些助推健身目标的建议：

设定一个主要目标。（然后制订计划！） 每个人都会在1月1日设定目标，但到2月1日，大多数人就与计划脱节了。为自己设定远大的目标是好事，但如果你没有制订相应的计划，它就永远不会实现。将你的目标分解为可实现的每日（或每周）行动计划，记录你的行为，无论是用的手写日记本还是手机应用（我用手机的笔记应用记下我的健身记录）。尝试辨识出潜在的艰难和障碍，以便在它们出现时从容应对。

组队。 有人一起分享你的健身之旅会让你更容易坚持下去。很多地方都提供社交活动或训练营，以帮助你强化你的健身目标。

定义你的动机。 当出现困难时，需要很强的自制力才能让自己咬牙坚持下去。但是，如果你对自己的动机非常清楚——

为什么你想实现这个目标，你就更有可能保持专注和自律。

把你的目标告诉给周围的人。想跑半程马拉松？想学引体向上？想登上乞力马扎罗山？如果你向周围的人公开你的目标，这会让你更想在大家面前证明你言而有信。

训练时注意饮食。有时，健身计划成功与否，与饮食有着密切的关系。即使你每天去健身房锻炼几小时，但如果你吃得不对，那么你永远都不会看到效果。不幸的是，没有"一刀切"的饮食调整方法。找一个适合你的方案，看看调整饮食将如何助推你的健身目标。

健身排斥者

不运动最大的好处就是我不会因为没像以前那样去健身房而感到愧疚。当时，我还是一个健身房常客。我一点儿都不怀念锻炼的感觉。

——丽兹·沃尔夫，治愈旧货店的创始人

另一个极端的例子是丽兹·沃尔夫，她将自己称为"不运动者"——这是她为了响应她对运动的极度厌恶而想到的名词。"我一直很讨厌运动，害怕有组织的健身。我只是不喜欢以传统的锻炼方式，也不会把运动放在第一位。"丽兹不懒惰，也很健康，她有一个 6 岁的儿子，在纽约拥有一间繁忙的零售店。

丽兹根本没有时间运动——她知道这是一个非常常见的借口，但对她来说，至少有三年没时间做她喜欢的运动了。她不会强迫自己进入健身房。"我住在曼哈顿，所以我每天都得走上几英里，但我从来没有真正去上过课或是有意锻炼过。"

与主流观点相反的是，作为一名不运动者，不运动并没有影响她的生活。她吃健康的食物，在工作时和在家中，她一直都在活动身体。她不会因为自己不去健身房而感到丝毫愧疚，也不会因为告诉别人她不会去健身房而感到羞耻。"我不会主动告诉别人我放弃锻炼了，但我愿意公开谈论我不健身这件事。除了一些医生之外，没有人对我缺乏锻炼有所反应。如果有人有所反应，我会认为他很奇怪，但我根本不在意。对我来说，我有很多比运动更重要的事情。"

丽兹说，把健身放在待办事项第一位的人有着不一样的优先事项和抱负。如果一个人把运动作为头等大事，那么他的其他事情就是他不太关心的事情。"只要你活跃于其他方面，并且吃得健康，我就觉得没问题。而且，我只是认为我们远不只是做一个健身房的奴隶。只要你是健康的，以及最重要的，你感觉很好，那就尽管去做最适合你的事情。"

虽然我并不是在倡导将健身完全排除在生活之外，但可能有很多理由需要我们暂时这样做。如果你有一段时间必须放弃健身，或者你现在正经历这个过程，那么试着展望一下这个阶段的结束，给这个阶段盖上一个时间戳。如果无法展望何时结束，请提醒自己为什么必须放弃健身。如果是出于不可控的健康原因，请允许自己去做该做的事，才能变得足够健康，可以在未来重新选择健身。

我希望我可以告诉你，多年来，我已经与自己的健身水平、体形、耐力等达成了和解——但这是一场持久战。我旅行时经常吃得不健康，还很容易增长肌肉（因此也容易增重），而且我经常处于与我的身体相爱相杀的阵痛中。我记得我第一次在商务会议上发言时，谈论的是政治和社交媒体。我后来在网上查看评论，发现大家谈论的都是："看看她的手臂有多粗，她只吃巧克力棒吗？"这只是工作场所针对女性的令人作呕的现实之一：你的外表与你的工作表现一样有待审查。（女性已经取得了如此多的专业成就，想象一下，如果我们不必再那么多地考虑美观问题，那么我们会有多高的生产力。）我与身体相爱相杀的关系，再加上两次怀孕的乐趣，够我看一辈子心理医生了。

当我10多岁第一次觉得自己胖的时候，我愿意付出任何代价来拥有现在的体重。但是，健康不应只是刻度上的数字。它还关乎变得强壮，成为最好的自己，能够全力倾注于你所关注的事物。这就是为什么我发现自己的健身分解目标已经完全改变了我的生活。如果当时没有严于律己，我可能会当一个放肆的健身排斥者。但是，我为自己制定了目标，要求自己每天都坚持下去。

过去的一年，我为自己设定了4万个立卧撑跳的目标。我知道，立卧撑跳很可怕，但它是一种十分有效的锻炼方式，尤其是对于像我这种经常长途奔波的人来说，因为我不需要华丽的健身房或装备——只需要一小块干净的地板。当然，4万个立卧撑跳看起来很难完成，但同样，分解下来一天只有100多个（是的，只有）。只需要10～15分钟的日常运动，低于建议的平均锻炼时间！当你开始以这种方式思考时，日常运动看起来就很可控了。我当然一天都不想漏做，不然第二天必须做200个！啊哈！

健身大师托尼·霍顿赞同我的想法，即设定年度目标而不是短期目标。"为了避免枯燥、受伤和陷入停滞，我会让人们多去攻克弱点。没有什么比无聊等死而膝盖痛得走不动更糟糕，你必须乐于接受其他类型的锻炼。"

每天锻炼15分钟或慢跑25分钟可能不是什么值得吹嘘的事，特别是当你应该每周至少锻炼5次，每次30分钟时。但是，当你可以说出"我去年跑了1100英里"，或者"我在2017年做了4万个立卧撑跳"时，听起来就很了不起。当你达到新的健身水平时，那种自豪感会激励你去深耕生活的各个方面。以小规模和自律的方式努力实现长期目标这种能力，也适用于你的个人和专业领域。即使你没有时间将健身作为你的三个选择之一，将事情分成一小块一小块也是一种每日健身法。

今年，我的目标是一年内举重 300 万磅。有很多哑铃深蹲和弓步等着我，祝我好运！我需要你的祝福！

爱自己和你的身体

我因为爱自己而吃得健康，还是因为我吃得健康而爱自己？

——蒂姆·鲍尔，激励演说家

2010 年 11 月，蒂姆·鲍尔超重 200 磅，他下定决心减肥并重新掌控生活。他刚刚又吃了一顿不健康的晚餐，像往常一样怀着愧疚入睡。当他第二天醒来，在网上看到一张成功减重 200 磅的男人的照片时，他受到了激励。多年来，他第一次决定要出去散步。

"我在窒息之前尽可能地往前走，然后休息几分钟，再走回去。回到家时，我的呼吸就好像刚刚登上珠穆朗玛峰的峰顶一样。我后来算了算，我走了 212 步。但是，我发现：我没有死。而且，我感觉很好。既然我今天没有死，如果我再走一次，我也不会死。"

蒂姆决定减肥之前，他过得很悲惨。他放弃了生活，这是导致他病态肥胖的原因之一。他似乎在生活的每个方面都坠入了低谷：他的婚姻破裂了，他无法继续工作，他觉得自己要崩溃了。蒂姆小时候，父母都忙于工作，食物成了他的慰藉。因为父母都从事食品服务行业，所以不管日子好坏，家里总是堆满了食物。多力多滋玉米片成了蒂姆最好的朋友，而冰激凌是他高中时期的"女朋友"。

蒂姆家里每个 35 岁以上的男性都有过心脏病，蒂姆似乎注定要走上同样的道路。他告诉我，在他最重的时候，他经常感到胸痛。他后来发现那是胃灼热，但他同样感到很害怕。每当他的胸部感到任何不适时，他都立即认为是心脏病发作，就像他的所有亲戚一样。不仅如此，他还是前驱糖尿病患者，胆固醇含量极高。他去医生办公室的感觉就像去校长办公室，为逃学一年而考砸了接受呵斥。

他的失望轻易就能与他的体重联系起来，很悲惨的是他对生活失去了控制力，这让他很消沉。在这种情况下，他会做出糟糕的健康决定，这反过来又让他变得更加悲惨。蒂姆似乎对此无能为力，但是他出去散步的那一天，一切都改变了。在那时，他做出了一个小小的决定，即开始自我照顾、自己爱惜、自我重视，让自己获得快乐。那次小试探转变成了动力，转变成了行动，转变成了自爱。

改变的主要动机来自蒂姆不再安于过半死不活的生活。在过去，当他试图减肥时，他会在某个时刻感到气馁，但这一次，他一次只注重一磅，并只专注吹嘘那一磅。"在一年多的时间里，我最终减重了 225 磅。我进行松弛皮肤切除后又减了 25 磅（作为 TLC 电视台《紧致皮肤》一集中的一部分进行了电视转播）。"

减肥最具挑战性的方面之一是参加社交活动。蒂姆在节日之前开始了他的减肥之旅，这意味着他要提前打电话回家征求家人的同意，让他可以带自己的预包餐食品回去庆祝。"最终，大家都十分支持我，但我真的不想那么快就开始不健康饮食。食物对我来说就像一种诱惑，我感觉我无法控制好自己。"

现在，每当蒂姆照镜子的时候，他仍然认不出镜子里的男人。当有女性关注他时，他会大吃一惊，尽管他并不觉得自己有什么不同。认识他很久的亲密好友告诉他，除了外表之外，他没有任何改变。"有些时候，我仍然注意到自己的行为就像一个病态肥胖的人：当我不得不穿过一个拥挤的房间时，我会浑身湿透；拍照时，我会遮住自己的手臂（以前，我 440 磅的时候经常这样做，来掩盖我突出的胃）；我仍然对飞机上的座椅莫名地感到紧张。"

蒂姆将在体重管理方面的成功转化为了工作的成功。在蒂姆减重后，他公司的收入在一年内翻了一番。他把这归功于他体力的增强，以及人们对待他的方式的不同。"他们更愿意听这个体形的我说话，而不是以前那个我，而且他们会更认真地对待我（我以前默认是克里斯·法利的小丑角色）。我最好的朋友每天都告诉我，他有多高兴减重了 225 磅的我仍保持着自我，我也为此感到自豪。"

虽然蒂姆将这种变化归功于他的外表，但我要冒险说一句，更可能是因为他的表现——他的自信——影响了其他人对待他的方式。当你对待自己像对待垃圾一样时，毫无意外地，其他人也会如此。但是，当你认为自己很重要、有价值、有着更高的使命时，其他人也会这样对待你。

在蒂姆开始减肥的第二周，他的朋友发现他正在减肥，对他说了一番十分重要的话。蒂姆的朋友帮助他看到了长期努力会收获什么，并向他解释说，如果他只专注于每周减掉 2 磅，等到了感恩节，他就能减掉 100 多磅。"这是生平第一次有人看着我的眼睛对我说'我相信你'。所以，我的第一条建议就是为自己找一个啦啦队队员。"换句话说，和你的支持者在一起，而不是推动者。如果你现在的朋友不是那些让你振作、帮助你实现目标的人，那么就换成其他人吧——"其他人"也可以是播客或书籍。蒂姆承认："我最伟大的减肥倡导者是我从未谋面的优秀作家和演讲者。"

蒂姆发现，在减肥和职业生涯中，我们很容易因为目标太大而被吓退。"就像我让我的女儿们去打扫她们的房间一样，她们环顾四周，在一个角落里看到了一堆衣服，在一个角落里看到了一堆神奇而宝贝的卡片，还在另一个角落里看到了玩具。然后，她们举起手臂说：'太多东西要收拾了！我要从哪里开始？'我温柔地提示她们：'我们先从那双袜子开始吧。然后我们把裤子挂起来，再收起那些卡片……'用不了多久，房间就变整洁了！"

蒂姆转变最棒的一点是他能够亲近他的女儿们了。现在，她们可以坐在他的大腿上，而不会被他的肚子挡住。当他拥抱她们时，她们可以用手臂完全抱住他的身体。他可以带她们到公园跑步和玩耍，而不必担心他的膝盖酸痛或背部疼痛。"通过爱护自己，我教会她们做同样的事情，我也学会了如何真正爱她们。"

我问蒂姆是否幸福，他说今天的他和以前一样幸福。如果你拿起这本书是因为你需要动力和鼓励让自己更多地选择健身，蒂姆的建议是照顾好自己，但不要将你的快乐和自我价值与刻度上的数字捆绑在一起。不要陷入这样的陷阱："如果能减掉 50 磅，我就会开心了。"像享受最终的结果一样享受你的人生，并允许自己偶有挫败。蒂姆承认："我不完美，也知道我永远不会，但我接受自己的样子。我对自己的错误保持耐心，因此，我没有偏离我的目标体重超过 5 磅。"

去年，为了帮助百老汇关怀中心筹集资金，为患有艾滋病等疾病的百老汇演员提供医疗费用补偿，我最终说服了两位优秀的教练——布莱恩·帕特里克·墨菲和迈克尔·利提格，在马克·费舍健身房（史上最棒的健身房、独角兽的服装加上核心健身以及百老汇演出曲调——很快就会有更多）和我一起做 300 个立卧撑跳，并在 Facebook 上直播。我们特地打扮了一番，戴着发带，穿着上面写着"去你的立卧撑跳"的及膝袜和写着"别惹一个以做立卧撑跳为乐的女生"的衬衫。我承认，这太残忍了，直播的画面也很"残暴"，但我们在 45 分钟内完成了 325 个立卧撑跳！人们观看我们直播真的十分激励我们。这也意味着由于腰酸背疼，我接下来可以休息两天！

在高中时，我是校击剑队的队长。十分疯狂，是吗？我愿意承认，是因为它首先是戏剧性的。每个人都在莎士比亚的戏剧中击剑，所以这似乎是一种我可以感同身受的运动。（预备！）其次，击剑队在我大二的时候刚刚成立，所以每个人都是这项运动的新手，我加入后不必去追赶已经练习多年的人的进度。

太忙了吗？尝试这些快速健身法。

有时，你太忙了，不能在你的三个选择中挑选健身。幸运的是，即使你没有很多时间，这里也有一些选择健身的方法。

5分钟做一次充足的锻炼。说自己不能在5分钟内得到很好锻炼的人，肯定从来没有尝试过我的"5分钟做50个立卧撑跳"挑战。高强度、短时间的间歇训练非常受欢迎，有数以千计的油管视频、健身应用程序和教程可以为你提供短时间的锻炼。

一心二用。不得不打个电话？边走边说，你会惊讶地发现，这里走几步、那里走几步加起来有多快。

晨间训练。几个瑜伽动作或60秒的平板支撑可以作为任何晨间训练的开始。

为你的计划花钱。报名参加你喜欢的课程，预约教练，购买新的健身服。做一笔你不想浪费的投资。

安排明天的日程。不要再谴责自己了，明天就开始做吧。这就是选三样的美妙之处。你可以每天更改你的选择。

对于击剑，我拥有左撇子的秘密优势。这意味着我知道如何对抗右撇子，因为我一直面对着他们进行练习。当右撇子在比赛中遇到我做着镜面动作时，他们不知道该怎么办，因为他们大多也是对着右撇子练习的。因此，我很快就在队伍中晋升，赢得比赛，在大四那年成为校击剑队的队长。

作为一个左手击剑者，面对着不知如何是好的右撇子对手的唯一缺点是什么？我的身体到处遇刺——手肘、脖子、大腿，我甚至在温暖的天气里都穿着长袖！击剑装备能盖住你的脸部和躯干，却无法完全抵挡右撇子手中胡乱挥舞的重剑。好疼！

但是，与一些职业运动员需要注意的破坏性伤病和需要战胜的挑战相比，一些伤（好吧，不止一些）只是小巫见大巫。

健身改造者

想选择健身却无法像正常人一样健身的人，他们已经重新设想并展望了他们选择的运动的模样。

"束缚在轮椅上"这个流行的短语总会让我的胃绞痛。我和坐在轮椅上的很多人都没有觉得受到任何限制，只是将轮椅看作帮助我们成功的工具。

——亚伦·"轮椅哥"·弗泽林哈姆，轮椅摩托车冠军令人惊讶的是，世界上有多少鼓舞人心的运动员让我们的挫败（无论是他们的伤病还是目标明确）看起来就像小菜一碟。以轮椅摩托车冠军亚伦·"轮椅哥"·弗泽林哈姆为例，他出生时患有脊柱裂，脊髓缺损导致腿部无法动弹。亚伦决心要让腿部动起来。

亚伦从小就知道他有点与众不同，但这并不是一件坏事，他觉得他拥有他的朋友们所没有的优势。当他的朋友们在附近骑自行车时，他会丢下他的拐杖并坐上他的轮椅以便跟上他们。"我总是尽力去做其他孩子正在做的事。"

亚伦记得他第一次与他的兄弟和父亲一起去滑板场的情景。开始时，他只是坐在篱笆后面观看，但是他的家人催促他尝试坐着轮椅滑下斜坡。"真的非常难！前几次，我倒插在节管里，我的手腕也被卡住了。我认为我在撞车之后再次尝试的原因是我意识到它并没有我想象的那么糟糕。我想从那时候开始，我的一腔热血做了主，我真的想成功落地！"

然后，他成功落地了！此后，亚伦赢得了各种 WCMX（轮椅专属极限赛事）比赛，甚至在几场自由式 BMX（小轮车）比赛中夺得了金牌。他的轮椅技巧一直在进步，他甚至在他的轮椅上进行了双重后空翻。这使他有机会与视死如归的运动集体——玩命马戏团一起表演。但是，亚伦颇为自豪的一项成就是帮助其他人［除了跳下一个全尺寸的超级滑坡，并在他的轮椅上（我的天）成功地落到 50 英尺（1 英尺约为 0.305 米）的鸿沟对面］，特别是年幼的孩子，将他们的轮椅看作玩具，而不是限制性医疗器械。"真正重要的是你对待你的轮椅或者说'束缚'的方式。我总是说：'不是脊柱裂折磨我，是我折磨它！'"

亚伦在中学期间获得了一个绰号——"轮椅哥"，因为他总是在大厅周围快速旋转并跳下楼梯。孩子们开始称他为"轮椅弟"，他将"弟"改成了"哥"。"对轮椅的最大误解是人们将其视为一种监狱，"亚伦说，"不要让恐惧限制了你的想象力。在坡道的顶端总是很可怕，但你必须想象自己能够成功并保持积极的心态——我觉得这适用于面对每个重大（可怕）的目标！"对于任何行业、职业或生活方式的选择，这都是一个可靠的建议——去挑战自我。

虽然亚伦赢得了无数赞誉，但他掌控轮椅的技术尚未达到他想要的水平。目前，他正在努力尝试一系列新技巧，比如双前翻（哇！）。至于 WCMX，亚伦正在鼓励世界各地的人们在滑板场玩轮椅，从而扩大它的影响力。请记得戴上头盔和护膝！（没错，我是两个男孩的母亲——很明显。）

在尝试任何新事物时，恐惧往往是我们最大的敌人。无论是开办自己的企业、参加面试、发送简历，还是坐在轮椅上进行双背翻转，我们的恐惧可能是阻止我们去尝试的唯一因素。

或者，这是导致我们失败的原因，因为我们在最后决定时刻前犹豫不决，这会让我们一败涂地。

我记得自己开始创业时是多么害怕，我担心自己犯了一个大错。恐惧告诉我，我不够优秀、不够聪明，准备不够充足，无法自力更生。恐惧打败了我，让我怀疑自己的才能，并影响了我当老板后的几个重要决定。但是，就像亚伦一样，一旦我意识到自己并没有恐惧所告诉我的那样差劲，我便重新整装出发，然后做出了自己的"双重后空翻"。

现在的我赞同为了完成一堆破事儿进行三个选择的理论，恐惧并没有在我的生活中起到很大作用——事实上，恐惧甚至不是一个角色，它更像是额外花絮的一部分。当你只能选择三样时，没有空位可以让你浪费——去选择恐惧。就像亚伦说的那样，想象自己能够成功并保持积极的心态。无论目标是什么，你都可以实现。

然而，有时我们的目标不是在轮椅上跳过 50 英尺的鸿沟，或者完成马拉松比赛，又或者是早上醒来后进行短暂的慢跑，而是有关别人的，比如我们会选择健康来支持亲人的三个选择。

健身超级英雄

为了支持亲人，这个人倾向于选择健身。

我知道斯科特以后的机会有限，所以我们现在需要关注他的职业生涯。当他不再比赛并保持竞争力时，我们就可以重视自己的职业生涯了。

——詹妮·约雷克，

超长马拉松赛运动员斯科特·约雷克的教练和妻子

詹妮·约雷克是或晴或雨品牌的创始人和首席设计师，或晴或雨是一个户外服装品牌。她也是她丈夫超长马拉松职业生涯的"船长"和教练。

斯科特·约雷克在他妻子的支持下，在 2015 年打破了阿帕拉契小径的速度纪录——在 46 天又 8 小时 7 分钟内完成了 2168.1 英里的路线。

詹妮在跑步时遇到了斯科特——他们在她开始在西雅图跑步时相遇。在他们开始约会之前，他们是朋友，在同一个跑步小组里待了大约 8 年。"我们在 2008 年在一起，我是一个狂热的跑步者，并且跑过许多超长马拉松，包括 100 英里的比赛。"詹妮说。

当斯科特参加比赛或进行长达数日的冒险活动，如阿帕拉契小径时，詹妮的工作是每天在多个地方与他碰面，当一个机动的支持者。当他们碰面时，她重新装满他的水瓶，补充他的运动能量食品，更换他的装备，为他提供真正的食物，比如制作冰沙——什么事都做。在他回到步道上后，她去加油和买杂货，并导航到下一个碰面点。晚上，她烹饪晚餐，为他检查蜱虫，查看地图，并计划他们第二天的休息点。"我们是一个团队，他在我们的日常生活中非常支持我，我也很乐意支持他。这是一条双行道。当他不参加比赛时，他总是帮我追求梦想。我们共享很多相同的激情，所以支持他总是有趣的冒险。"

当然，詹妮也有她自己的目标。在跑步之前，她是一个狂热的攀岩者。她仍然有很远大的攀登愿望和奔跑目标——它们一直存在。斯科特总是支持她的梦想，他们一起进行了好几次伟大的攀岩冒险。

由于詹妮是一名服装设计师［她有自己的公司，她还是一名自由设计师，为包括 Patagonia（巴塔哥尼亚），Salomon（萨洛蒙）和 Brooks（布鲁克斯）在内的户外公司提供运动服装和软装设计］，她在帮助斯科特的同时，还能够将她的生活与工作结合起来。"这真的只是处理我们的日程安排问题。我觉得自己可以保持自我，同时为斯科特效力。他非常尊重我的个人成长，我们会为我们的二人世界腾出时间。"

即使对于那些没有跑步数百英里，或者打破吉尼斯纪录的普通人来说，健身也可以是一种联系、支持心爱的人很好的方式。也许你正在为参加 3 英里乐趣跑的家庭成员欢呼，也许你正在看着你 6 岁的儿子在跆拳道上取得一种新的腰带颜色（我最近很自豪的一件事），也许你在一个校队或校际体育赛事中支持一个朋友，或者在一段新的浪漫关系中开创健身先例，这些对你生活中的三个选择都很重要。

如果你参与其中就更好了！你知道我总是喜欢在同一时间完成两个选三样目标！无论是散步还是跑步、打高尔夫、滑雪、打网球等运动，与爱人一起健身都是获得健康和创造美好回忆的好方法。与伴侣一起参加健身活动，你可以同时选择健身和家庭。

当我选择健身，或是优先考虑自己的健康，抑或是对自己的身体和健身成就感觉良好时，我会在任何方面都做得更好。我是一个更好的妈妈，一个更好的伴侣，一个更好的老板，一个更好的朋友，我的职业生涯发展也会更好。但是，就像生活中的大多数事情一样，你在健身方面必须了解自己。对我来说，我知道设定大目标并将它们分成小型目标可以让我获得最大的成功。我也知道牵扯上其他人有助于让我有所担当，迫使我优先考虑健身，即使我生命中的其他事情都在因为我把它们放缓了而令人尖叫不已。

好消息是，即使你在生活中没有人可以让你有所担当，技术也可以提供支持。现在有许多有用、有趣，甚至愚蠢的可穿戴健康追踪器，健身应用程序和设备可以帮助我们保持积极性，跟踪我们的进度，并让我们完成任务。我个人发现佩戴智能手环非常有助于为我们出去散步提供额外动力。有一次，我已经走了9000步，但我需要出去参加一个活动。我的儿子提出把我的手环戴在他的手腕上并绕着我们的公寓走来走去，直到它达到一万步——只需要一美元。虽然这不是使用健康追踪器的初衷，但这件事十分有意思。嘿，帮助其他人达到他们的健身目标可能也是一个商业机会！幸运的是，住在纽约而没有买车就像在你的生活中嵌入了一个计步器。

除了我的手环帮我实现我的目标之外，我还为能够在我最喜欢的健身房——马克·费舍健身房中接受一位出色的教练的指导而感到幸运。

健身营利者

有些人的职业和使命就是为健身创造产品！

> 我们相信，我们正在建立并将不断致力于创建社区。
>
> ——布莱恩·帕特里克·墨菲，马克·费舍健身房教练

如果你还记得我之前的立卧撑跳目标，就会记得我开始做立卧撑跳训练的那个超棒的健身房。健身房、私人教练、课程、健身服装等都会因为健身而获利，但我不得不说马克·费舍健身房（MFF，又名"荣光与梦想的魔法忍者俱乐部"）是我在这个行业里见过的最有趣和独特的地方之一。从服装到彩带和亮片，再到演出歌单，在看到人们完成严肃的健身目标的同时，马克·费舍健身房已成为我以及许多其他纽约人生活中不可或缺的一部分。

我与布莱恩·帕特里克·墨菲一起训练了一年多，他是教练、销售经理，以及自称为"健身房的健康信仰部长"。布莱恩和我用废了一些很重的哑铃，做了超出"法律范围"数量的立卧撑跳，但我们也一起谈笑，玩得很开心。我问布莱恩能否向我解释马克·费舍健身房如此特别的原因，无论是作为训练场所还是工作场所，以及这对他们的成功有何贡献。

布莱恩告诉我，马克·费舍健身房如此受夸赞是因为它的社区。"'社区'无疑正成为健身行业的流行语和潮流，我们真的站在了这个运动的前沿。社区不是很多健身房可以兜售的东西。想想上次出去锻炼的时候，你和多少人打过招呼？有多少

人知道你的名字？在马克·费舍健身房，每个人彼此都认识，并互相鼓励（有时甚至会往他们身上撒亮片），所以一个团结的地方会让人产生动力。事实上，每次训练都以一个问题开始。房间里的每个人都会回答这个问题，从而立即建立起一种联系，拥有一种友谊和团队精神的感觉。"

布莱恩一直践行着马克·费舍健身房的口号："荒诞的人类，严肃的健身。"人们经常看到他在健身房里从头到脚穿着粉红色衣服，同时激励人们完成超出他们梦想的健身目标。他说，如果没有未提及的第三个成分——无限心灵，就无法实现团队合作，也得不到想要的健身成果。"我相信这才是我们社区的特别之处。我们并不完美，但我们有无限心灵，我们的忍者能真切地感受并相信它。"

你问我，什么是忍者？有些健身房称他们的客户为"客户"，有些称他们为"用户"，马克·费舍健身房称他们的客户为"忍者"，这进一步增强了乐趣和社区的感觉。布莱恩告诉了我一个小秘密："忍者已经成为马克·费舍健身房最好的营销策略。成为这个社区的一部分，就会有令人惊叹的健身体验是迄今为止我们最有效的营销策略——通过口耳相传的方式传播。"

不要忘记这些方面的健身

我知道我花了很多时间谈论身体健康，因为健康和幸福是健身必需的前提，确保你在健身之前不要忘记以下这些重要的方面。

精神。感觉与更崇高的事物联系在一起是拥有健康和幸福感的关键。

正念。许多成功的企业高管每天都进行冥想、正念或深呼吸练习。拥有一个压力出口在很多方面都是有益的。

营养。请记住，你的身体是你唯一真正的家。如果没有适当的营养，你就无法得到最佳的健康和快乐。

锐度。让你的大脑保持敏锐。如果你的工作是重复性的，或者你感觉自己已经到了一个更加健忘或心不在焉的年龄，那就去寻找活动、应用程序和游戏，以保持良好的精神状态。

感恩。写一份"谢谢"的感言，餐桌上让一起就餐的人传阅，表达你的感激之情，或花30秒……感恩。这绝对是值得的。（我很感谢你阅读我的书！）

在马克·费舍健身房，成功是由你与什么样的人待在一起而定义的，因此他们有着出色的工作人员和忍者。通过健身改变生活，慢慢让人变得对健身上瘾。"我最喜欢的工作是观察人们改变他们的生活。我有幸每天出售会员资格和训练忍者，我可以看到糟糕的人前来改变他们的生活，我很荣幸能从第一天开始就见证这一过程中的每一步。我每天都会从忍者那里收到贺卡、电子邮件和明信片，他们感谢我们改变甚至**挽救了**他们的生命。"拜托，有多少健身房可以说他们为他们的客户这么做？

虽然马克·费舍健身房鼓励变装，允许有嘈杂的音乐、闪光漆和霓虹灯，布莱恩却说，对健身房最大的误解是觉得这些太傻了。"我们拥有令人难以置信的严谨的健身方法，并致力于关注前沿的运动和营养。我们的健身团队非常出色，我们总能得到超乎预料的结果。"

我很好奇，因为健身是一个结合了内在健康和外在表现的领域，作为成功的健身营利者，有没有感受到压力，需要一直保持良好的状态及迷人的外表？我问布莱恩是否觉得他必须每天都选择健身，这是他的工作，但我们都应该有休息日。他说，他的压力主要来自他自己。"我最大的价值就是作为一个领导者。我认为，拥有领导力的第一步是以身作则。所以，不管我看起来是什么样的，我可以举重多少磅或者我能跑得多快，我的领导力都来自持续不断出现在健身房，每一周，每个月，每一年。"

布莱恩也说，不同的人对"很好的外形"有不同的理解。"我确信，对于许多健身专家来说，我的身材并不算是最好的，但是对于许多普通人来说，他们可能会认为我的身材是他们'永远无法达到的'。"

布莱恩的真正答案既是肯定，也是否定。"如果明天离开健身行业，我也会对自己现在所做的事情负责。"布莱恩觉得没有必要与陆续到来的年轻有为的健身专家竞争，他并不担心他的同事比他梦想的还要强大或更有肌肉力量，他的压力和责任只会让自己努力去成为最佳版本的布莱恩。"你做任何事都是对所有事的外化表现。我希望在所有领域都能达到更高的标准。"

正如托尼·霍顿所说："你的目标是在生活中把任何事都做得更好，在 30 岁、40 岁、50 岁，甚至更长的时间里感觉更好。"

当选择健身不仅仅是去健身房

克劳迪亚·克里斯蒂安可能因其在科幻电视剧《巴比伦 5号》中出演指挥官苏珊·伊万诺娃的角色而出名，但她的主要工作是谈论酗酒以及如何应对。正如克劳迪亚在《巴比伦保密》一书中所揭示的那样，她从 37 ~ 44 岁一直挣扎在酗酒中，并在她所选择的职业——表演上承受着保持好身材的巨大压力。"我经常祈祷工作顺利，因为我足够自律，不能在工作前和工作期间喝酒，所以我想如果我找到一份工作，就可以保持清醒了。不幸的是，酒瘾会让你没有精神，让你感到不安全和沮丧，所以无法全身心地投入工作。我一直在忙着整理房屋，这是一个很棒的点子和体力活动，但是葡萄酒确实让我的体重有所增加。"

克劳迪亚的生命中令她最羞辱的事情之一就是她的经纪人让她减肥，这在她的演艺生涯中从未发生过。"我开始练拳击、做普拉提，并做了大量的有氧运动，但有时候我会在做这些运动之前喝一杯。这是非常糟糕和不健康的。"

在克劳迪亚的生活中，健身始终排在前面。她每周做 5~6 次有氧运动、瑜伽和仰卧起坐等。"我父亲今年 84 岁，每天早上还在打网球。他每天遛狗行走数英里，我母亲做普拉提、游泳。他们都是我的榜样，并证明保持活跃会在很多层面上对你的生活有积极影响。保持活跃对我来说一直很重要，我相信它有助于身体维持健康的内啡肽水平，缓解压力、焦虑，还可以预防许多疾病。"

克劳迪亚是一个狂热的饮酒者，所以她的大部分时间都花在了保持健康上。然后，每过 4~6 个月，她又会沉迷于酒精。"我每次复发后，情况就会变得更糟，恢复需要更长的时间。我现在感到平静，我已经原谅自己了，但当时我对自己的身体感到非常内疚。我感谢上帝，虽然患有毁灭性的疾病，但我每天都健康而又强壮。"

克劳迪亚很高兴在 2010 年作为一名上瘾者被"提出来"。她得到了粉丝们的大力支持,这让她感到被爱戴和接受。"流派"(科幻小说类)粉丝是真正了不起的人。他们互相拥抱、互相支持,共同热爱这些类型的电视节目和电影,他们喜欢并接受他们喜欢的角色的扮演者。我在《巴比伦 5 号》中扮演了一个超级英雄,虽然我不情愿承认错误,但是当我最终做到时,至少可以获得解脱。

"我们越是将自身的压力表达出来,其他人就越清楚如何与我们相处。这没什么好感到耻辱的,酗酒是脑部疾病,没有人想被葡萄酒控制。因为这是一种渐进的状态,它甚至会在几年甚至数十年间悄悄发展。在我注意到任何不对劲之前,我喝了 20 年仍安然无恙,所以这是我们无法预料的。

"我会对那些了解上瘾者的人表示爱和同情。判断无法控制的事情类似于判断癌症、出生缺陷或精神疾病,说话前请三思,如果你帮不上忙,那么就保持安静。恶语伤人六月寒,诸如'弱''懒惰''不道德''虚伪''自控力差'等说法都会对处于绝境的人造成极大的伤害。我原谅了那些对我出言不逊的人,而且我没有太关注社交媒体,因为其中有很多内容都是让人愤怒的。那些躲起来的键盘侠对我恶语相向,只是因为我选择了科学的方式来治疗我的酒瘾,而不是'传统的'方法。在看完我的 TEDx 讲话之后,有些男人对我的外表碎碎念，仿佛想表达些什么。读那些东西其实是浪费时间。一个人必须坚定信仰，而忽视那些魔头和仇敌——他们就像不学无术的井底之蛙。仇恨无处不在，但幸运的是爱也是如此。"

穿合适的靴子走路

健康不仅仅是穿上运动鞋跑步、去健身房，或者参加超级马拉松、赢得金牌，它涵盖了健康、身体和情感的所有方面。某些意义上的健康需要出汗，但许多并不是。

如果你觉得自己在优先考虑健身方面做得很好，请思考你考虑得是否周全，是否有所遗漏。也许你每天都大摇大摆地去健身房，却非常不开心。或者也许你现在在健身方面也有满意的地方，但需要提醒自己健身是要一直坚持下去的。

如果你想选择健身多一点儿，欢迎来俱乐部。不，严肃地说，很多人很容易优先考虑工作和生活中的其他人，而忘记优先考虑自己。所以，第一步是原谅自己不太照顾自己。然后记下一些目标，打电话给朋友，让自己心里有数，并优先把自己照顾好。如果你目前每周健身一次，那就设定一个目标：每周健身三次，无论是去健身房、自己拉伸，还是在房间的角落里进行冥想。你应该拥有更好、更健康、更干净的生活。我们只在这个星球上活一次，所以无论你是感到沮丧、不健康、受伤，还是缺乏动力，谨记：改变的力量来自内心。

朋　友

如果有人感到孤独，并且无人可以分享成败，那他们可能要在培养友谊上花更多的工夫。

——艾琳·S.莱温，博士，友谊专家

诚然，这一章对我来说是最难写的。在社交标准下，尽管我有很多朋友，但真正可以花时间深交的人屈指可数。一部分原因是我喜欢和家人共度时光，我有世上最好的伴侣，我也爱我的工作伙伴（毕竟是我雇用或者合作的人）。关键在于，在紧要关头，我没有足够的时间来选择一切，我也不想在择友上失之偏颇。也许当我老无所依或佛系工作时会有所改变吧（哈哈，说笑的）。我看到那些有着丰富社交生活的人时会想与他们交朋友，然后又很快回到我那并不优先考虑朋友的常规生活中去。

我不经常优先考虑朋友的另一个原因是——告诉你一个秘密——我实际上是个内向的人。如果你曾亲眼看到我在公共场合唱歌，或者听到我在演讲中讲笑话，你也许不会相信，但这只是因为我学会了为职业而伪装外表。在公开演讲之后，我想做的是看着墙独自待上几小时。我喜欢和别人待在一起，但这也让我筋疲力尽。

　　对于内向的人来说，结识新朋友非常困难。这意味着当我丈夫开始在斯坦福商学院学习而我在 Facebook 工作时，我不得不深吸一口气去准备迎接数百个全新的人，他们将成为我丈夫未来两年生活的重要组成部分。

　　斯坦福商学院学生的配偶们被称为"SO"（重要的其他人），而作为布伦特的 SO，我被邀请参加许多活动。我在一家创业公司全天候工作，所以我很难参加大部分活动，但我已尽力而为了。

　　这些活动是对人类行为的迷人研究，特别是像我这样的 SO。在商学院的最初几周，在最早的那些活动中，同学们相互见面并结交。起初，有人会和我握手，带着他们的问候和敬意。但是，一听到我只是一个 SO，聊天很快就结束了，因为商学院的学生得找对他们事业有更大影响的人。

　　这令人沮丧、难以接受，让人感到自卑。我想花时间在我丈夫和他的同学上，但我觉得这已经超出了我的承受范围，所以对于那些不愿花时间给我的人来说，我是毫无用处的。我在 Facebook 工作之后，能快速分辨出哪些是想成为我们毕生挚友的人。

幸运的是，班上一些很棒的人对待 SO 的方式与别人不同。他们没有根据别人对自己的职业生涯有多大影响而对别人进行评判，他们中的一些人现在是我非常好的朋友。当我被邀请到世界各地演讲时，丽贝卡一直是我的旅行伙伴，她和我一起去了科威特、丹麦和阿根廷等地。知足常乐，拥有一个像她这样值得信赖、持久的朋友足矣。

回想起来，我也很高兴能够经历那样的"测试"考验，因为那些商学院时代出现的朋友是我们一生中关系最铁的人。

朋友全情投入者

这类人非常善于在他们的选择中优先考虑朋友——轻松而又自然。

我们的联系使世界变得更加充满活力和有趣，它推动创新、好奇心和社会福利。如果没有联系，我们之间将完全孤立。

——苏珊·麦克弗森，麦克弗森策略公司的创始人有些朋友会和他们遇到的每个人都保持联系，和很多人建立起经得起时间考验的亲密友谊。我想了解那些优先考虑朋友的人对获得"终极纽带"头衔的感想是什么，所以我决定与朋友全情投入者苏珊·麦克弗森交谈。

苏珊创立的麦克弗森策略公司是一家专注于品牌与社会品牌交互的咨询公司。她说她从 10 岁起就开始为人们建立联系，并告诉我关于她在夏令营、女童子军和大学体操队的记忆。有些人就是为社交而生的。

我非常好奇驱使他们前进的动机是什么，他们为何对社交如此感兴趣。苏珊一直着迷于会见不同的人，并了解他们。她认为，为了建立持久的联系，你必须有好的记忆力，保持好奇、乐观和活泼。在与其他人建立联系时，感觉就像多巴胺射向了她的灵魂。当她的联系有一个好的结果时，她会感到高兴。

对苏珊来说，最大的挑战是连接一堆毫无结果的"乱麻"（甚至一点儿友谊也没有）。"我们生活在这样一个世界，这里有着兴趣、文化、生活背景和目标不同的朋友，这使得这个世界丰富多彩。"幸好苏珊不回顾那些让她失望的联络，有几次她做了重要的介绍，却从未听到过一句感谢的话，甚至没有得到认可。"这种事第一次发生的时候，我的心很痛，但随着时间的推移，我意识到我做联络不是为了被认可，而是为了碰运气！"

她对其他职业联络者的建议是不要盲目先行，而是向别人学习，因为你总有机会了解遇到的每个人的独特经历。"保有敞亮而又温暖的心，同时保持有意义的记录。这样做会让你的世界变得更加丰富。然后，将新人介绍给你世界里的其他人。"

为了成为一个纽带，苏珊牺牲了她的时间。不过，她说时间会回到她身上，因为她所建立的每一个联系都提供了一个有各种好处的新契机。有时候，她确实感到迷惘，并想知道为什么她花了这么多时间把他们联系在一起。但是，她所建立的人与人之间的联系会提醒她这一切是值得的。

在苏珊所搭建的几百个人际关系中，有一个一直与她保持联系——她利用她的社交圈为一位在匹兹堡开始试点计划的亲友获得了一笔十万美元的补助金。这个项目叫"你好，邻居"，它能帮助叙利亚难民与当地的家庭联系起来。苏珊坚信这个事业有重大的意义，而且她的朋友斯隆在着手做这个项目，这让苏珊感到自豪和激动，因为她能够利用她的社交关系帮助斯隆实施这个计划。

苏珊认为，我们的联系使世界变得更加有活力和有趣。联系推动创新、好奇心和社会福利，没有联系，我们将完全孤立。

如果你能与苏珊一样成为纽带，那么我会对你脱帽致敬。

只要确保你可以分辨真正的朋友和图谋不轨的人，就不会浪费很多时间给"用户"了。对于那些不善交际的人来说，她建议他们在自己的日程安排上建立"轻量级"的联系。"保持联系并不像人们想象的那样具有挑战性和耗时。不过说真的，这意味着你得在需要某些东西之前偶尔进行扩展活动，简单地说'你好，你好吗？'就足以说明你很重视对方。"

随着年龄的增长，结识新朋友变得越来越难。我最近在和一对与我们关系较好的夫妇共进晚餐时讨论过这个问题。我们意识到，当你年轻的时候，你很容易优先考虑友谊，但随着年龄的增长、结婚和家庭人员的增加，突然有一些潜在的朋友需要满足某些条件才能进入你的"内圈"。你必须：

· 喜欢这个人

· 喜欢他们的 SO

· 喜欢他们和他们的 SO 相处的方式

· 喜欢他们的孩子

· 确保你的孩子喜欢他们的孩子

· 喜欢他们养育孩子的方式

· 喜欢他们没有孩子或者是 SO 的事实

…………

以这种方式看待友谊是令人疲惫和不切实际的，可惜这就是拥有社交生活要优先考虑的因素，特别是当你有小孩儿在家（或有忙碌的职业生涯）时。有时，通过你的 SO 交朋友会更容易。但有时，就像斯坦福商学院的情况那样，就会事与愿违。

这些经历让我想到了那些无论是通过选择还是迫不得已而无法再与朋友联系的人。如果这些不平衡意味着你真的无法与朋友联系会怎样？我想到了一个离开地球在太空中生活了几个月的宇航员。我想到了无数我与之交谈的优步司机，他们搬到美国，在美国工作并把钱寄回家，尽管这意味着他们多年来一直看不到他们的配偶或孩子。我想到了那些拥有"有毒"朋友群体的人，他们最后找到了摆脱困境的勇气。我想到了那些需要突然改变自己的身份，并切断自己所熟悉的一切联系，以逃离危险境地的人。

如何成为一个更好的朋友？（如果你搞砸了，该怎么办？）

当你忙于工作、家庭和生活的其他方面时，你的友谊就很容易"陷入困境"。如果你正在为如何选择朋友而苦恼，抑或是你与朋友有了分歧，而且不知道如何挽回这段友谊时，这里有一些关于如何收拾这种烂摊子的方法。

倾听，不乱下结论。 尝试着倾听而不是说话。确保你给出的任何建议是客观、公正的。这肯定是一种克制的行为，但回报是巨大的。

谨言慎行。我们都遇到过这样的情况：我们承诺会做一些事情，却不能兑现我们的诺言。这种感觉很糟糕。最好先把丑话说在前头，而不是试着成为一个马屁精。

站出来。简单明了，就在那里。不要成为别人的酒肉朋友。当你的朋友需要你在场时，即使对朋友的处境不感兴趣，你也仍然可以支持他们。

真诚地为你的朋友感到开心。即使非常羡慕和嫉妒，你也要学会真诚地为你的朋友感到高兴。

学会道歉！要言出必行。不要找借口，不要试图将责任归咎于某人或某些人。承认你搞砸了，并继续前进。我们都会犯错，重要的是如何处理这些错误。

朋友排除者

这类人选择不优先考虑朋友。

当你独自一人，并且没有网络支持时，这真的会成为一种挑战。你需要一位值得信赖的朋友或负责任的家庭成员来帮忙运送信用卡或支付账单。

——金伯利·布尔克利，欧安组织特别监测
使命乌克兰监测官员

金伯利·布尔克利告诉我，很难给她的职业下定义。"如果我必须勾选一个方框，我通常会选择'国际发展'，但这实在是不准确。"金伯利是一名俄语／国际关系专业的学生，1991年毕业于一个经济快速发展的时代——当时，苏联崩溃导致美国和俄罗斯等国之间重新建立关系。米哈伊尔·戈尔巴乔夫甚至还在金伯利1991年的毕业典礼上发表了讲话。

金伯利于1991年首次来到莫斯科，在苏联政府成员企图发动政变，以从戈尔巴乔夫手中夺取控制权的三天后。1996年，金伯利回到美国上法学院，但很快就发现自己仿佛回到了苏联。她加入了欧洲安全与合作组织（简称"欧安组织"），并迁至该组织总部所在地奥地利的维也纳。她与外地特派团合作，支持政府努力打击腐败和洗钱。她首先担任欧安组织在乌兹别克斯坦塔什干的经济和环境顾问，一年半后转到吉尔吉斯斯坦的比什凯克。在那里，她在同一职位上工作了四年。后来，她被派往阿富汗的喀布尔，被告知这将是一个为期五年的任命。但最终，她在那里只待了一年。

从亚洲的一些国家到乌克兰，金伯利并没有在同一个地方停留太长时间。她所选择的是一种具有挑战性的职业，不仅是因为它有助于平息冲突和维护和平，还让她知道如何管理在美国之外的个人事务。"举个例子，你的信用卡遭到入侵，公司想向你派送新的信用卡，但他们无法将卡片运送到国外的战区，而你却需要使用信用卡预订下次度假的机票。"金伯利走的不是寻常路，这样一来，她就成了朋友排除者。

多年来，金伯利始终努力与美国的朋友保持联系。"我发了贺卡，写了电子邮件，在 Facebook 上发表评论，试着定期在 Skype 与他们聊天。我去拜访前会告知他们，给他们带礼物。即使在旅行中疲惫不堪，我也会坚持这么做。当我停止做这些努力时，大多数友谊就消失得无影无踪。我明白，尽管我们曾经是朋友，但他们只是忙于自己的生活，以至于无法同我联系。我不知道这是不是一种美国独有的现象，但我确实相信我们的生活方式里不太重视实质性的深厚友谊。或许这只是因为他们无法亲眼看到你，你就会消失在他们的现实生活中。"

金伯利告诉我，当你在海外工作时，你会与生活方式相同的人结交，大部分友谊都是这样获得的。你最终会在世界上几乎每个国家都留下足迹，但很少会有真正亲密的友谊。

科技给金伯利维持长途沟通带来了巨大影响。"我每天在 Facebook、Messenger、Skype 等社交网站或通过电子邮件与家人和朋友交流。有时，在时间和行程允许的情况下，我们能够在候机室举行一个寒暄会。有时，他们正在我工作的国家参加会议；有时，我们会在某个地方组织度假团聚。一切都取决于每个人的灵活性和保持友谊的渴望度。"

截至目前，金伯利最重要的关系人是她的父母。"他们已经80多岁了，探望他们是我的首要任务。由于他们年事已高，我大多数假期都花时间与他们在一起。"

不管是不是朋友排除者，我们很多人都会面临一个共同的情境，它会让我们从头开始，与所有的新朋友见面，重新塑造自己，重新结交朋友——那就是去上大学。

朋友革新者

有些人必须重新思考和建立他们的朋友圈。

就像你生命中的任何阶段一样，大学里的友谊很重要，因为它们（在理想情况下）提供了一个相互扶持的关键系统。

——朱莉·泽林格，女性媒体中心的创始人和

FBomb 博客编辑

朱莉·泽林格的 FBomb 是一个为年轻人设立的女权主义

博客。朱莉在 2015 年大学毕业后写了《大学 101：女大学生指南》。《大学 101：女大学生指南》是大学里一切活动的指南，包括交朋友。朱莉是我们的超级英雄。

"结交新朋友对每个新生来说都不难，"朱莉说，"有些新生可以快速、轻松地与他人结交，但也有很多人出于各种原因而交友困难。"

朱莉以那些想家的学生——在适应新校园时社交困难的人为例。"搬到一个新的城镇、不同的州，甚至文化完全不同的国家，对许多学生来说可能是情感和文化上巨大的挑战。如果你来自纽约市，可能在很大程度上需要一段时间来适应一个保守的南方校园的文化——可能很难与那些不愿分享这种不适的人建立友谊。"朱莉建议将自己融入一个充满挑战的新环境中，与和你不同的人一起成长是一个绝佳的机会。

内向的学生也会激励自己变得足够外向以结识新朋友。朱莉说，对于那些重视有意义联系的人来说，他们的大多数固定式谈话无疑都是肤浅的。对于那些习惯于多年来与同一群朋友——那些已经理解并接受了你的陋习，并和你谈笑风生的人来说，尝试结交新朋友可能是一个需要耗费精力的挑战。

在高中时，朱莉有五个要好的朋友，基本上是她的整个社交圈。"我们同舟共济，并且知道彼此生活的私密细节。不过，我们最终来到了不同的大学。虽然我会永远感激那些充满真情的联系，但我对友谊的基准使得我在学校的最初几周里，与新人成功建立联系变得非常困难。"

在大一时，朱莉有一个室友和一些她完全依赖的人，但是她发现最困难的是总要有例行公事（但必要）的浅谈话：姓名，家乡，预期的专业，选择这所学校的原因，等等。

大学毕业后的生活也是如此。我们陷入了自己的工作和家庭中，所以我们忘记了去建立新的关系。朱莉提醒我，如果不强迫自己去全身心地投入，她就无法发展新的友谊。"我加入了课外团体和姐妹会，并在课堂上和校园里与同学们交谈。"

就如何做而言，朱莉说，有一种流行的理论认为大学是我们发掘另一个自己的机会。"我们可以成为我们一直想成为的人，但在成长过程中可能会遇到阻碍。很多人喜欢找与自己兴趣爱好相似的朋友，而不愿与性格迥异的人交朋友。"

但是，也许伪装成其他人并不是开始新的、持久的友谊的最好方式。朱莉认为，大学的经历并不会创造出一个新的自己，而是一个了解被压抑的自己的机会。"无疑是通过我们身边的人去熟悉那个真实的自我。"

上高中时，你可以轻松地与一群同学一起出去玩：如果你是一个喜欢戏剧的人，那么很容易被戏剧节目中的人物所吸引；如果你是环保主义者，毫无疑问，无数生态爱好者会与你联系在一起。但是，大学校园里满是富有激情、多样化的学生，他们有着独特的才能和兴趣。朱莉建议你得找到一个与你完全不同的人，并与他成为朋友。"虽然能找到亲密的、了解你的人，以及能够以特定的方式与你联系的人很好，但与和你持不同观点和价值观的人相处也是至关重要的。也许你们会友谊长存，也许不会，但在某种程度上，它肯定会是你宝贵的经验。"

一旦你上了大学，高中的友谊就会改变，而一旦你毕业，大学的友谊可能也会改变，这是时间和距离的必然结果。"你可能要融入不同的文化，或者被不同的人和其他影响因素包围，并且会有前所未有的变化。"

你在大学期间与高中老友的经历可能不同，但你可以通过与高中老友分享自己的生活来保持你们的联系。"大学生总是很忙，但如果你想让友谊长久，那么保持联系的方式必须改进且不受限制。当你与老朋友联系时，得让他们感同身受——即使你正在处理你大学里的琐事。"

为了让友谊长久，朱莉说不能放弃肤浅的话题。"当你说话时，得让你的朋友跟得上。我在大一时多次遇到高中的朋友，他们意识到我没告诉他们我生命中重要的事情之后，便觉得我故意有所保留，因而怀疑我们的关系。"

还有，永远记住要让你的朋友放松。"你们在大学都会改变，无人可避免。尽量不要判断你的朋友是否'出格'，而是去试着了解他们，并试图与他们达成一致。如果你希望友谊长久，那么你总会遇到一些障碍。"

对朱莉来说，大学建立的友谊不仅仅在大学重要，也许还影响深远。"拥有一个强大的朋友圈子对女性的职业生涯非常有益，不管你的朋友是否最终与你在同一行业工作。进入职场会面临一系列全新的挑战，得到你认识和信任的人的支持，对你生命的新阶段的发展至关重要。"

朱莉说，交友困难的人应该退后一步，考虑一下自己是否努力去结交朋友了。"让自己置身于新的环境中，挑战自我，摆脱我们的舒适区是很有价值的。这样做不仅可以教会我们认识自己，还可以让我们了解新事物——当然还有新人。"

对于大多数像我们这样笨拙的人来说，是不会看到我们自身的问题所在的，朱莉说，我们应该明白许多人认为这是我们诚实和真实的标志。"无论如何，不能接受一点点尴尬的人向来不会是一个善解人意或者有爱心的朋友，所以能否接受我们的尴尬实际上是一块很好的交友试金石。"

我们都有过从头开始的时候，无论是走入新学校、搬到新城市，还是开始新工作，重新建立关系和信任总是很难。与此同时，你又会因为能够重新塑造自己而感到非常开心，从你过去的交友经历中也会有所收获。在这个时代，我们一直在旅行、搬家、换工作，今天的新毕业生在他们30岁的时候平均将有七份工作！这使得拥有一个"永远的朋友"变得更加罕见和特别。在我的生命中，友谊最长久的朋友是莎莉，我们在营地相遇时才11岁。

天啊，莎莉懂我。我的好与坏她都看到了。她是我的初吻（不是字面意思）。我们一起受到了惩罚（早睡早起一个星期），因为有点儿……让我们说说创意。我们"开发"了一套专属于我们自己的通信"密码"。高中时，我们一起到哥斯达黎加旅行了一个月，露营在雨林的地上。多年后，我们遇到了我们各自的另一半，我们在同一周内结婚，在彼此的婚礼上担任伴娘，相隔仅一年——我们在同一个月里生了儿子。莎莉现在是新泽西州一名成功的医生。在我坐下来写这篇文章之前，我们还经常互相看到对方并常发短信。

我很幸运能够在我的生命里找到像莎莉这样的人，她了解我的一切，这让人惊叹不已。

合二为一

朋友们一起努力。如果你在朋友还是健身的优先顺序的选择上遇到了困难，请尝试将两者结合起来，与朋友一起报名参加健身课程。将你的下一次活动设为步行而不是喝酒，或是其他有趣的运动。

关于与朋友一起健身娱乐的话题，我与inKin的创始人兼首席执行官扎拉交流、探讨过（inKin 是一个社交健身平台，通过健身比赛让人们变得更加活跃）。"健康是人类最重要和最宝贵的财富，"扎拉告诉我，"然而，绝大多数人开始健康之路比听起来要困难得多。人们往往缺乏动力或者不知道如何开始。我们的目标是教他们，根据各种健身设备和应用程序的数据进行健身，并通过友好的竞赛和奖励让他们携家人、朋友和同事积极参与。自从我们其中一个人在一年内减重超过 30 千克（约为 66 磅）后，我们知道它起作用了。"

inKin 的任务是让有趣的社交健身挑战帮助人们改变他们的行为，并关注他们自身的健康：在与他人一起参加在线健身比赛时，他们养成了追踪日常活动和睡觉的习惯。

如果你现在关注的是健身，并且你发现自己需要监督，或者你希望与朋友共度更多的时间，请尝试把两者结合起来，使其变得更加有趣。你现在的朋友会对你表示感谢，你也有可能会结交一些新朋友！

有时候，你不得不承认友谊是有毒的，尽管你会觉得这样对朋友不公平。与朋友绝交是一件非常困难的事情，但如果有人对你的生活产生了负面影响，那么你需要减少损失并继续前进。我们都有出于环境因素而失去的朋友。有时，当友谊变坏并需要结束时，承认这一点可能会非常痛苦。我们坚持下去会很困难，因为我们总喜欢为不良行为找借口。我们也总是怀旧，但有时你能做得最好和最难做到的事情就是承认你已经放手了，是时候结束友谊，并且翻篇了。有些人喜欢与他们的亲密朋友一起工作，并倾向于在他们的商业活动中建立最亲密的关系。有些人却避之不及，并会告诫你永远不要和最好的朋友做生意。我身处两者之间，我已经把钱投入好朋友的公司了，但是我确保控制在让我放心的数额以内（"投资高风险，要投须尽早"，这是一个很好的投资原则，无论你投资的对象是不是你的朋友）。我和好朋友一起密切合作，但通常当我们开始一起工作的时间越接近我们共同度过的时间时，我们就会越像是友好的熟人。我还试图确保在与朋友合作时，他们能各有所长。我们倾向于和相似的人相处，但是如果两个人所起的作用相同，而且做不到互补，那么这可能就是有害的。

在福布斯和第一资本火花论坛上，Collective 的创始人海迪·梅瑟说："在很多方面，商业上的伙伴关系与婚姻相似。至少，你需要绝对信任你的伴侣。"我有一个特殊的例子，与一位好朋友一起参与一个项目对我们的友谊产生了不好的影响。我在硅谷大约住了一年，我觉得我的银行账户总共有一万美元，这比以往任何时候都多，但我并没有完全融入那里的生活。然而，我认为很多人在 Facebook 或者别的什么地方看到的我，都只是我的冰山一角。

就在那个时候，我和一位好朋友决定一起开展一个小型的外部项目。我们制订了计划、时间表和预算。最初，它很顺利。与亲密的朋友一起潜心在项目里，花费大量的时间在一起，大家集思广益，这是非常有趣的。然而，当费用超出我们的预算时，压力就来了。当她开始哭泣时，所有超额的费用就都落在了我身上。我的银行账户中的一万美元很快就耗尽了，这影响了我的一些度假计划。在项目结束时，朋友向我提出了一份"经修订的合伙协议"，声明她应该拥有75％的项目分成，而不是我们之前商定的对半分，因为她声称她才是那个最初提出想法的人。

好吧，我可能比较天真，但我当然不是一个门垫。我们大吵了一架，直到今天，我们的友谊也未能完全恢复。我想，如果她早就对我坦承她的财务状况或是她的贡献能力以及她想要的目标，我们本可以避免很多不好的突发情况。幸运的是，对于我们的职业生涯或生活来说，这不是一个关键的项目。这只是一个小小的插曲，但这是一个和密友一起做生意的廉价教训。

但无论如何，我的经验并不意味着你不能这么做！许多人能够与亲密的朋友或家人密切合作，并且可以进行足够的划分，使大家都能全无顾忌地工作。创业可能是孤独的，拥有一个你可以依赖的商业伙伴，并且在困难时候可以信任，真的是一件很棒的事情。只需要了解风险，并尝试在开始之前协商好最坏的情况。提前预警冲突是确保你的业务和友谊两者永远存在的最佳方式！

艾琳·S.莱温是我们选三样在朋友方面的专家，她是纽约大学医学院的精神病学教授。艾琳说："人们在需要的朋友数量和喜欢的友谊的性质方面会有所不同。根据气质和个性，有些人喜欢多而松散的社会关系，其他人则更喜欢少而亲密的友谊。我们对朋友的需求也在生活中不断发生变化，这都受到生活环境和空闲时间的影响。"

作为一名女性和心理学家，艾琳一直对女性友谊感兴趣，并且对她的友谊与那些熟人的友谊相比有一种天生的好奇心。她想知道为什么有些友谊会停滞不前，而当事人似乎听之任之。多年来，即使与最好朋友的友谊有时也会转瞬即逝。

当 Overlook Press（眺望出版社）找到艾琳，让她写一本关于女性友谊的书时，她有了下笔的动力。她为她的新书《永远的好朋友：与你最好的朋友共渡难关》做了一次在线调查。她发现，友谊是非常重要的关系，特别是对女性而言。"友谊帮助我们塑造我们的身份，并定义了我们自己。没有什么比友谊对提高生活质量更好的了！"

但是，艾琳也发现了友谊的弊端。失去友谊可能会让人感觉自己失败了，因为接近另一个人时，我们都认为友谊永远不可能结束。"通常，人们会根据交往和保持朋友关系的能力来评判女性。失去亲密的朋友，特别是当分手是单方面提出来的时候，对方就会很难受。这感觉就像失败一样，可能会和被爱人抛弃、离婚或失去配偶一样痛苦。有些友谊甚至比血缘关系更亲。"

艾琳说，反对结束友谊的文化禁忌是如此强烈，以至于女性不愿意结束友谊，即使是那些不再相互促进的关系。而且，往往有相当多的人感到孤独，她们没有一个朋友，希望获得支持（例如，驱使她们去看医生或者向孩子倾诉她们的问题）。

在涉及友谊背后的科学时，艾琳说精准生物学机制仍然不明朗，但许多研究已将友谊和社会支持与改善健康和情绪结果联系起来了。例如，降低冠状动脉疾病、肥胖、糖尿病、高血压、抑郁症的风险和延年益寿。

至于社交媒体，它可以增强我们结交朋友和培养现有友谊的能力，它可以轻松地与全国乃至全球各地的朋友进行异步通信。但是，当人们无法看到对方的表情、肢体语言等时，也很容易产生误解。

毕生挚友 S FOR LIFE——LITERALLY！

真正的友谊意味着站出来，用行动说话。发送电子邮件或拍摄文本非常容易，不请自来很难。

——艾米·西尔弗斯坦，作家

艾米·西尔弗斯坦是《我的荣耀是我有这样的朋友》一书的作者，这是一本关于九个朋友的回忆录。她在 50 岁时进行的第二次心脏移植手术挽救了她的生命。就在她的回忆录出版两天之后，凭借《星球大战》和《西部世界》成名的 J. J.艾布拉姆斯获得了这本书的授权，他可以将其发展成为一个限定的系列。艾米在 25 岁时做了第一次心脏移植手术。她发现自己患有心脏衰竭，预期寿命为十年，但她决心不认命。在移植后健康活了 26 年，这很少见。艾米发现自己需要第二颗心脏，不得不前往洛杉矶进行手术。在她搬家之后，她的闺密们决定不让她独处，所以她们创建了一个电子表格，她们都可以报名参加轮班，确保总有人在她旁边。"人们可以站出来，特别是为了挽救某人的生命。"

艾米写这本书，是因为她知道必须写一些关于她朋友的出现带给她的奇迹。这本书深究 25～50 岁人们友谊的变化，以及成熟是如何帮助我们学习培养友谊和站出来的。"你 25 岁时的朋友和你 50 岁时的朋友一定不一样。"

这本书重点关注这些女性朋友在艾米第二次心脏移植过程中给她带来了什么。她们都有不同的生活，但能够围绕一个中心目标团结一致，并在自己的生活中做出牺牲来帮助艾米。有些朋友事先知道了，有些朋友没有。尽管如此，她们慢慢发展成为一个独特的友谊团体，并会互相发送电子邮件，告诉她们要带什么，什么时候来，以及她们可以做些什么来缓解艾米的恐惧。"我觉得我的朋友们也都很惊讶和感到惊喜，这就是一种爱心传递。"

艾米有她一生的挚友和她新交的好朋友。她与交往最久的朋友相识于大学二年级，她在法学院认识了两个，她通过丈夫又认识了两个。当她等待第二次心脏移植时，这些朋友和更多的人都来看望她。最新的一个朋友，或者说是在她手术前的"情景熟人"，在两个半月里每天都会去艾米所在的医院看她！

艾米说，当她第一次得知她必须去洛杉矶的消息时，她感到挫败，就像她要在洛杉矶死去一样。她感到孤独，害怕在等待中慢慢被遗弃。但是，当她的朋友们来看她时，她的悲伤很快就消失了。"我的朋友们让我活到接受那个器官。没有她们，我无法做到。"

对艾米而言，与别人成为好朋友并不是与生俱来的。她25岁时不是一个极好的朋友，但她说，到了中年，人们通常会以更有意义和更真实的身份出现。"通过电子邮件或短信成为朋友更容易，但是当你给某人一个真正的拥抱时，这种感觉会更棒。"

如果你有过这样一段生活经历——你出乎意料地发现自己在依靠朋友寻求支持，我相信你曾经感谢过你的幸运星，因为你过去曾为这些友谊投入过。所以，当你真的需要他们时，你可以寻求帮助。友谊可能很有趣，但有时，你期望的人也会让你失望。而有时候，那些你从未想到过的人会出人意料地站出来。

幸运的是，我们中的许多人都是学校、宗教或社区组织的一部分，他们可以帮助我们这些需要"升华"的人。我们很容易在生活中优先考虑其他事情，并且说："我现在没时间交朋友，我忙到筋疲力尽。"但是，我一直在考虑这种情况。如果在重大事件面前，我全身心付出了，我的朋友是否也会如此？朋友就像一个储蓄账户，如果你是一个不图回报的好朋友，而此时有朋友需要你的帮助，那么你的投入就值了。因为你真的永远也不会知道，正如艾米所发现的那样，那些人可能会站出来救你一命。

结交新朋友的困难至今仍困扰着人们。艾琳说："当我们还是孩子的时候，很容易对操场或公园的某个人说'我可以和你一起玩吗？'或'你会成为我的朋友吗？'，但随着年龄的增长，我们在结交新朋友时变得更加自我。人们经常屈服于每个人都已拥有所有朋友的错觉，但事实上并非如此。友谊通常是短暂的，随着我们毕业、搬家、结婚、生孩子、换工作、离婚、守寡等，我们的生活环境会发生变化，很多人都在寻找新朋友。"

艾琳解释说，有些友谊受到地理位置和生活方式不一致的限制。但是，如果友谊本身就是强大而互相需要的，人们就会花费时间来看望彼此，并通过电话、社交媒体或短信积极保持联系。"如果某人在工作中有压力，并发现他没有达到最佳状态，那么可能是他花太多时间在社交活动上了。花太多时间和朋友在一起也可能导致家庭关系紧张，例如忽视对孩子或配偶的责任。"

另外，如果有人感到孤独，感觉无人分享他们的成败，那可能说明他们应该花更多的时间来关注友谊。艾琳指出："人们常常认为与朋友共度时光是自我放纵和随意的，但事实是，拥有强大的友谊能使我们成为更好的伴侣、父母和同事。"

友谊专家说，友谊无须循规蹈矩。有时，我们甚至很难知道友谊何时开始和结束，在事到临头时才知道对方是不是真正的朋友。如果都是情绪化的朋友，那通常大家都是大难临头各自飞。

要钱的朋友（没有得到的东西）

无论你是为慈善筹款活动筹集资金、试图资助一个新项目，还是勉强维持生计，向朋友寻求金钱帮助，都会感到尴尬和不安。以下是一些需要考虑的事情。

它会影响你的朋友吗？ 金钱会给你的友谊带来不必要的力量失衡吗？请确保你在这么做之前知道答案。

怎么问是关键。 你永远不想让对方感到惊讶或让他措手不及，确保你提供足够详细的信息，说明你需要多少钱以及如何使用。计划周全会提高你的成功概率。一对一提问，不要在一群人面前问，不要在现场施压。想到相反的情况，并让你的朋友有充足的时间思考。

还有其他方式可以筹钱吗？ 如果你认为它可能会让事情变得奇怪，也许还有其他的方法：花时间向人们提供专业的知识等都是有价值的。

写下来。 合同签字时记得备份。保留投资记录，如果适用，还要记录还款计划。做一个"握手协议"，而不用任何书面形式，这会让你的友谊破裂。

一次性说出足够的金额。 弄清楚你真正需要多少钱。你通常只有一次机会。一次性说出足够的金额，这样你就不必再次伸手要钱，以至于让人感觉很过分。

朋友超级英雄

朋友超级英雄是指需要重新思考朋友圈的人，以及如何优先考虑朋友以支持亲人或自己。

> 我对同样的生活方式失去兴趣了。无须操心生活中的琐事，这有助于我的康复。
>
> ——海伦，复原倡导者

从 20 世纪 80 年代以来，海伦一直在酗酒——她认为她的很多朋友都在假装幸福。"我感到难过，因为我认为这是一个积极的决定和方向，但我可以看到微笑背后并非如此。有些人认为我过于激动，但我认为大多数人在自己与物质的关系上过于自我。毕竟，我并没有和那些结伴回家的人交朋友。"

在康复期间，海伦必须停止去任何可以让她喝酒的地方，但她没有立马这样做。她的骄傲和自信告诉她，她可以重蹈覆辙，但她又觉得自己的想法非常愚蠢。"真的，AA 是一种习惯。不在酒吧时，你去参加一个会议，你在那里结交了一些朋友（为你留下的人），就像你在常去的酒吧看到同样的人一样。"

由于现在的康复方式很灵活，海伦喜欢她现在新的生活方式中的诚实和敏感，她的许多非理性朋友都没有兴趣参与其中。"很多人都很荣幸和愿意接受改变，甚至对我正在做的事情感到惊讶。"

海伦不得不和一些酒肉朋友分开。"他们似乎很容易就自动消失了。这有助于我的康复，让我无须操心生活的琐事。我开始变得顺其自然。当然，改变并不是一夜之间发生的，但我知道我不需要做任何事情，只需要保持清醒。"

现在，海伦有一群新的朋友可以信任和依赖，朋友们要求她对自己的 BS（外科学士）负责。"他们在生活中表现出的严谨和真诚让我深受鼓舞。我看到他们对一切都保持清醒，并谨慎应对。"

小心：所有生活在网上看起来都很有趣！

永远不要将自己与其他人的网上生活进行比较。滤镜和 Photoshop（图像处理软件）可以创造奇迹，但现实生活无法编辑。当然，人们会发布他们微笑、玩乐——看起来很迷人的那一刻。享受他们真实的帖子和照片，同时也要知道这没什么。

请务必谨慎对待你花在社交媒体上的时间。社交媒体的目的是让你感受到与你关心的人和事物更亲密。如果它不能让你满意，那么就请慎重考虑是否还关注它。

记住，家家有本难念的经。我最近打电话给一位朋友，她的生活在网上看起来非常完美。当我们打电话时，我告诉她我有多为她感到高兴。她回答道："我上周刚被解雇了，我非常沮丧。"无论你怎么想，每个人都在为自己而战。

　　人们可能认为你的生活太令人惊讶了。如果你对别人兴奋的生活感到沮丧，那么请记得换位思考！你有机会说真心话，说你的实际经历。不要害怕分享脆弱的时刻，你会发现许多人都与你有过同样的经历或感受。

　　至于海伦如何选择她的朋友，她会寻找思想成熟的人做朋友。"我更喜欢那些不依赖物质的人。鉴于友谊已经发展起来了，我发现这种联系需要付出更多的努力。"

　　海伦新的朋友群中最好的一点是大家都很真诚，他们知道坦诚相待才能治愈一切。如果他们选择加入这个朋友群，那么他们可以获得日常生活中可能丢失的联系。

　　但并不是每个清醒的人都能做新朋友，海伦说这真的取决于每个人自身。有时，选朋友会变得很难，因为有些人只是不愿意说出自己的真实情况。因为海伦不想做表面朋友，所以她更愿意找那些重视联络的人。"我从他们身上学到了很多东西。"

　　我是一个天生内向的人，所以我害怕自己出现在一个陌生的活动中！作为艺术和歌剧爱好者，我参加了许多活动，探讨成为艺术赞助商意味着什么。我不想一概而论，但我只想说，在这些活动中，你的年龄再加一倍，你也仍然是房间里最年轻的人……所有人似乎都已经相互了解了，因为他们在纽约市做艺术赞助商有一段时间了。在一个特定的活动中，我会感到孤独和不合群，似乎每个人都有自己的团体，似乎都不那么平易近人。我向他们打个招呼，他们不怎么响应，或者看着我，就像他们应该递给我外套或点一杯饮料。我开始发短信给我的丈夫、我的同事——我知道的任何人，看看是否有人最终可以回复我。如果我知道斯科特·罗森巴姆的创业公司就好了！

朋友变现者

有人开始通过帮助其他人挑选朋友赚钱。

孤独像是一种社会耻辱，在"租朋友"之前，没有其他类似柏拉图式的选择。

——斯科特·罗森巴姆，RentAFriend.com

（租友网）创始人

RentAFriend.com——租友网，是的，你没看错——是一家致力于购买柏拉图友谊的公司。斯科特·罗森巴姆于2009年10月在新泽西州的斯图尔茨维尔创立了 RentAFriend。这个想法来自日本已经日益普及的租赁公司。斯科特灵光一闪，将同样的模式带到了西方世界。

RentAFriend 适合那些想看电影或尝试新餐厅，甚至有体育赛事或音乐会门票，但又不想一个人去的人。斯科特说，理想的客户是一个快乐、积极、开朗的人。许多专业人士使用RentAFriend，例如企业主、医生和律师。人们可能有工作活动，想带人一起参加。人们可能会前往一个新的城市，并希望有人来自他们可以雇用的区域去见他们。有些人不想自己去酒吧或餐厅，所以他们会雇一位朋友外出吃饭或喝酒。

用科技交朋友

通过大量应用程序打破僵局，技术会帮助你更轻松地结识新朋友。在日本，一款名为 Tipsys 的新应用程序旨在帮助需要朋友的日本女性。Tipsys 仅适用于女性柏拉图式的友谊，并允许女性搜索位置、爱好，甚至饮酒偏好。在应用程序上唯一禁止的是"钓鱼式"约会，所以任何使用该应用程序但动机不纯的人都会被删除账户。

在美国，约会应用程序 Bumble 和 Tinder 推出了 Bumble

毕生挚友和 Tinder Social，供用户找到柏拉图式朋友。嘿!VINA 是一款专为女性设计的友情应用程序，二人可以约会，三人即可开趴，Me3 可以轻松帮助你结识新朋友来分享你的兴趣、目标和你自己的故事。Me3 的用户会被问到关于个性、生活方式和信仰等问题，然后匹配到不同的地方。

如果你正在寻找新朋友，请看下列这些交友应用程序。

MEETUP：无论是葡萄酒爱好者还是远足狂热分子，全球数千个城市都可以举办各种聚会。

NEXTDOOR：交换社区信息，并从你邻居那里获得建议。

PEANUT：由母亲组成的社区，可以安排面对面聚会和游戏。

SKOUT：即使你刚刚到该地区，也能结识新朋友。非常适合经常出差的人士。

NEARIFY：提醒你附近发生的事件。查看人们参加的活动，并获得个人建议，以便你在一周内的任何一天轻松找到你要做的事情。

遇见我的狗：看看你所在地区的狗，与它们的主人聊天，并设置狗狗日期。

我经常在我的选三样中选择我的朋友。我很感谢我生命中的朋友，他们陪伴我参加演讲或戏剧表演，因为他们知道这几乎是我唯一空闲的交友时间。不过，我也知道我正处于人生的另一个阶段，有年幼的孩子和蒸蒸日上的事业，这使得社交活动无法总如我所愿。然而，我想，我的朋友需要我的时候，我总是会站出来。就像艾米的朋友们一样，挽救了她的生命，或者像海伦寻求新朋友帮助她过上更健康的生活那样。从长远来看，我能够更频繁地选择朋友，生活也将得到平衡。也许茱莉亚或苏珊可以给我一些提示。（重申一下，我也可以租一些朋友，虽然我现实生活中的朋友也很好。）这就是选三样口头禅的魅力——我们享受这场漫长的比赛，伙计们！

与此同时，如果你正在阅读本书，并向我发电子邮件、Facebook 消息或者我最近未回复的任何内容，我已经看到了，并且我正在尽力给你回复。可能需要很久时间，但我不会放弃！所以，朋友们也请不要放弃我！

03

你自己的选三样

我爱数字——我是一个真真正正的数据书呆子，所以我冒昧地计算了一下你可以选择的不同的选三样组合的总数。所以，我想出了几十个，对吗？还是数百个？试试十个。没错，就只有十种可能的选三样组合。这意味着尝试所有这些组合是完全可以实现的！把它们都拿走吧！试试看哪一种是最适合你的！

这是所有选三样的荣耀组合，你可以选择一个：

工作—睡觉—健身

工作—睡觉—家庭

工作—睡觉—朋友

工作—健身—家庭

工作—健身—朋友

工作—家庭—朋友

睡觉—健身—家庭

睡觉—健身—朋友

睡觉—家庭—朋友

健身—家庭—朋友

当你以这种方式分解这五个板块之后，选三样看起来就更加可行，而且更不可怕了！

请记住，如果你每天都试图挑选所有五个，那么几天之后，你就会崩溃（这也许就是为什么你会拿起这本书）。努力实现完美平衡的压力甚至可能逼迫你想去喝酒、购物、胡乱调情或者吃掉整个巧克力蛋糕（我不是从个人经验或自己做过的事情上举的例子）。我很抱歉这样挑衅你，我知道你是一个非常有能力的人，但大多数人在多任务处理中会越发低效。不相信我？那么，有一吨的科学理论可以支持我这一观点。

《哈佛商业评论》发现，当人们在更长的时间内完成多项任务而不是在短时间内集中爆发时，人们会更快乐。在一项实验中，学生被要求用不同类型的糖果进行一系列活动。一组执行了各种任务，例如评估软糖熊的味道、给果冻豆命名，并按颜色分类 M&M's 巧克力豆等。而另一组成员只能对一种糖果执行一项任务。所有参与者都有 15 分钟的时间完成任务，然后测量他们分别感到多么快乐和认同自己的效率。结果是，花了 15 分钟完成一项任务的学生比那些花时间完成各种任务的学生更有成就感，也更快乐。[23]

更进一步，一项关于日本银行里工人的工作重复和变化的研究发现，在短时间内，在各种任务之间切换的工人比在同一时间重复类似活动的工人的生产率低。研究结果表明，在任务之间切换会消耗人的认知资源，并占用大脑空间。这反过来会让人感到压力更大，并限制了他们掌握手头任务的能力。（听起来很熟悉？）因此，在较短时间内使任务变得多样性会使工人感到生产力下降，从而降低幸福感。[24]

还有大量其他的研究表明，快乐和多任务处理之间存在直接的负相关关系。这就是为什么选三样只关注你在 24 小时内完成三项任务，因为只有这样才是最有效的！当你设定你的大脑只完成一项任务时，你不仅会更成功，而且你的情绪健康值也会提高！

让我们回到选三样的十大组合，如果你坚持使用选三样至少一个月，你会发现你可以至少有三次机会解决这十个组合中的任意一个！在维持压力和快乐的平衡的同时，你对五大板块中的每一个都给予了高质量的关注！所以，我说它值得一试，不是吗？

将你的待办事项列入 Ta-Da 列表

我认为没有什么比待办事项清单更让我讨厌的了。老实说，什么是待办事项清单？实际上，除了写出你还有哪些事情未完成之外，它别无他用。你的任务仿佛在看着你，直到你脸红到去完成它们，或者丢出一句"去他的"，并不再完成它们。

你有没有这样的感觉？

有些人完全不同意我的观点，喜欢列他们的待办事项清单。他们喜欢超前的满足感，并觉得他们已经完成了某些事情。那些人可能有清空的收件箱、干净的办公桌和完美的身体，但即便如此，他们也可以从选三样的期望中受益（浑蛋）。

我永远不会有清空收件箱的那一天，这是我必须面对的现实，就像我永远不会有一张干净的办公桌或者能找到成对的袜子。我已经接受了关于"混乱 = 创造力"的理论（至少那让我得以安然入睡）。

通过每天挑选三件事，突然间感觉待办事项清单更像是一个"Ta-Da！你做到了"列表。关上窗帘结束一天。此处应该有掌声。

但是，如果你想持之以恒，那你需要让自己负起责任。这意味着你需要跟踪你的进度，以及不同类型的 Ta-Da 列表！

在接下来的两页，你将找到我的每周基础选三样图表。在跟踪了一周的优先级后，查看加起来的数字并问自己以下这些问题。

这些选项，你一周选了几次？

工作：＿＿＿＿＿＿＿＿＿＿＿＿＿＿＿＿＿＿＿＿＿＿

睡眠：＿＿＿＿＿＿＿＿＿＿＿＿＿＿＿＿＿＿＿＿＿＿

家庭：＿＿＿＿＿＿＿＿＿＿＿＿＿＿＿＿＿＿＿＿＿＿

健康：＿＿＿＿＿＿＿＿＿＿＿＿＿＿＿＿＿＿＿＿＿＿

朋友：＿＿＿＿＿＿＿＿＿＿＿＿＿＿＿＿＿＿＿＿＿＿

有没有哪一项入选次数少于三次？

＿＿＿＿＿＿＿＿＿＿＿＿＿＿＿＿＿＿＿＿＿＿＿＿＿

如果有，是普遍现象，还是本周的特殊情况？

＿＿＿＿＿＿＿＿＿＿＿＿＿＿＿＿＿＿＿＿＿＿＿＿＿

有没有哪一项入选次数多于五次?

_____

如果有，是经常这样，还是这周发生了一些不寻常的事?

_____

你的目标实现情况如何（与实际相差多大）?

_____

你希望下周会怎样? 选择跟这周相同，还是有所改变?

_____

有趣的地方在于：你可能已经知道你是一个全情投入者、排除者、超级英雄、革新者，或是一个变现者，可如果你处于一个自我探索的阶段，那么你就要对周围的人进行评估，以此来帮助你看到你在图表上的位置。旁观者清，所以可以试着找出你生活中一些这五项不平衡的人，然后看看你最关心的人。

选三样记分卡

	工作	睡眠	家庭	健康	朋友
周一					
计划	×		×	×	
实际	×	×		×	×
周二					
计划					
实际					
周三					
计划					
实际					
周四					
计划					
实际					
周五					
计划					
实际					
周六					
计划					
实际					
周日					
计划					
实际					

想想生活中有哪些人是——

工　作

全情投入工作者：他们为何经常优先处理工作？是什么支撑着他们？

排除工作者：这是他们选择的，还是环境使然？他们是如何安排他们的时间的？

工作革新者：在职场中，他们什么时候意识到自己需要改变？

工作超级英雄：至亲的需求是如何影响他们的职业目标的？

工作变现者：他们如何用对工作的热情谋利？

睡　眠

睡眠全情投入者：他们是怎样获得充足的睡眠的？

睡眠排除者：他们牺牲了睡眠，是如何正常工作的？

睡眠革新者：他们恍然大悟是在什么时候？

睡眠超级英雄：是谁让他们睡眠不足？睡眠不足是永久的，还是暂时的？

睡眠变现者：他们是如何将睡眠变现的？

家　庭

家庭全情投入者：他们为何总能把家庭放在第一位？

家庭排除者：谁帮他们填补了在家庭中的空缺？

家庭革新者：他们碰到了什么家庭障碍？他们是如何重建的？

家庭超级英雄：他们是如何改变家庭计划以适应亲人的？

家庭变现者：他们是如何用家庭谋利的？

健　身

健身爱好者：他们为何能经常把健身放在第一位？

健身排斥者：他们的生活方式健康吗？

健身改造者：他们克服了哪些健身方面的挑战？是如何做到的？

健身超级英雄：亲人的需求如何影响他们的健身目标？

健身营利者：他们是如何用健身谋利的？

朋　友

朋友全情投入者：他们是如何让友谊变得如此重要的？

朋友排除者：谁为他们填补朋友这一角色的空缺？

朋友革新者：他们必须克服哪些友谊危机？他们是如何做到的呢？

朋友超级英雄：亲人的需求如何影响他们的友谊？

朋友变现者：他们如何用朋友谋利？

那么，你是谁？这些问题可以针对任何领域（工作、睡眠、家庭、健身、朋友）进行回答，所以现在就看看你是如何优先考虑自己生活中的这些方面的。但请记住，三十年河东，三十年河西！因此，切记你得不断回头重新评估你的目标。

你的全情投入者分数：

你是否有每周都会选择超过五次的领域？

这个领域是你想做的，而不是被迫做的？

你的家人和朋友认同你的评估吗？

你是否从这个领域获得了快乐、自豪或满足感？

你的排除者分数：

你有一个每周不到三次选择的领域吗？

你选择消除这个领域吗？

如果消除这个领域，你有更多的时间专注于生活的其他方面吗？

你是否经常觉得通过消除更容易做出决策，知道什么不该做，而不是什么该做？

你的革新者分数：

是否有一个领域，你继续着，但承认这很挣扎？

你最近是否经历过一次重大的生活变化，迫使你去看之前没有优先考虑的领域？

今天，你的优先事项与几个月前相比有何不同？与几天前相比呢？

你会随着时间的推移被迫在这个领域大幅调整你的目标吗？

你的超级英雄分数：

你是否因为爱人或生活而一直选择一个领域？

如果你完全可以自由选择，这个领域是否与你可能选择的领域不同？

你有时会觉得你在被挑选，而不是你选择它吗？

你是否有能力在这个领域变得强大，或者以新的方式优先考虑它？

你的变现者分数：

你是否始终优先考虑帮助其他人过上更好、更快乐、更轻松的生活？

你是否从你的工作中赚钱，以帮助其他人成为五个领域中任何一个的激情主义者？

你是否从帮助他人选择这个领域中获得了满足感？

客户是否愿意购买？你是否提供给人们愿意支付的服务，以帮助确定他们生活中某个领域的优先顺序？

如果对这些类别的四类问题中的所有或大部分问题回答"是"，那么恭喜！说明你的人格很鲜明，其他人则是不那么鲜明。无论是哪种方式，现在你很清楚自己是谁（至少今天）。这就是选三样的魅力所在，它明天可能就会发生改变，后天亦是如此。每一天，你都可以在完成任务的同时重塑自我！由你主宰！

如果你选择了三种，而你的变化很大，那么也许你是一个"周末狂热者""夏季货币化者"，或"周一排除者"。你可以做很多不同的事情，也可以影响你选择三样里不同的生活阶段。天哪，每天选择同样的三件东西也许会很无聊（而且不健康）。为什么要重复这些活动并定期问自己这些问题？就是为了确保你了解你的目标和优先级如何变化。

我属于什么类型?

	工作	睡眠	家庭	健康	朋友
全情投入者					
排除者					
革新者					
超级英雄					
变现者					

如果你确定自己有很多符合睡眠全情投入者的信息，这太棒了！只要你是睡眠全情投入者。当你选三样时，得实事求是。精确定位你的优势和劣势领域，并确定你哪里太过，而哪里不及，这是最重要的。我们都在摸索中前行，所以，无须内疚！不要再伪装自己！选三样的目的是让你以一种适合自己生活方式的方法做真实的你。

如果你像艾伦·德沃斯基一样——她是一个家庭排除者，那么选择家庭可能并不那么重要。那没关系。但是，作为某一种排除者，需要确保满足其他需求，例如与朋友共度的时间、健身水平等。即使你没有自己的孩子，也可能还有其他家庭成员正在等你联系。本书不叫"选一样"是有原因的。你要为你能做到的所有事情感到自豪——特别是现在，随着高压力、高科技、高维护的生活方式的出现，许多商业人士选择相信——牺牲在所难免，但它不一定意味着痛苦或挣扎。选三样允许你选择何时做或者不做任何事。

也就是说，你的五个选项可能与我的不同。我选择了工作、睡眠、家庭、健身和朋友，因为我可以看到生活中重要的一切都可以很轻松地融入其中。选三样的生活方式更多的是让自己获得专注和不平衡——让你拥有实现梦想的空间，而不是将其锁定在特定的五个区域里。有些人可能会将旅行作为关键类别，其他人可能会说社会福利对他们来说至关重要。还有的人可能会说心理健康优先。即使你的五个词是"上网""学校""玉米饼""约会""瑜伽"，也没关系。无论你的选三样是什么，你仍然无法做到每一天都把它们全部做得很好。

挑　战

这些建议，你可以每周尝试一个吗？

由于我们每天只能选择三个选项，所以我们自然会有一些做得很好和有待加强的领域。幸运的是，我采访过的专家让我醍醐灌顶，我们可以更多地选择一些"被遗忘"的选项。

你是否愿意加入我的挑战，对于以下这些新的建议，每周都尝试一个？

工　作

尝试玛丽琼·菲茨杰拉德的建议，在你的工作日花时间小憩。如果需要，可以将日历提醒设置为"远离桌面10分钟"，以便快速走动、喝水，或是只看看风景。我们需要适当的休息，才能保持精力充沛。

更好的是尝试泰德·艾坦建议的步行会议，而不是坐在会议室或咖啡店。

无论你是全情投入工作者、排除工作者，还是介于两者之间，都可以接受梅琳达·阿隆斯和凯伦·扎克伯格的建议，确保你保持精力，如培养爱好、做慈善、上课或学习新技能，这有助于丰富你未来的简历！

想想你职业生涯中的挫败时刻，然后问自己："列什马·索贾尼会怎么做？"重新定义你心中的失败，使之成为你成功之路上的枢纽！

如果你需要保持正确的职业目标或"激流勇进"，请按照叶蒂娜的建议对你自己负责，设定 30 天目标或 100 天目标，并告诉尽可能多的人你的最终目标。

睡　眠

在你睡觉的时候，试试把你的手机放在另一个房间。（或者，如果你不能忍受自己离手机那么远，请尝试将其放置在房间远离你的另一侧，这样你就不会每隔 2 秒检查一次。）

根据布莱恩·哈里根的建议，白天可以使用豆袋椅进行 20～30 分钟的小睡。

两个月的积分表

欢迎使用你的生产力记分卡。跟踪几周你的选三样，将让你清楚地了解你的优先级之所在，你喜欢做什么与你需要做什么，让你感到满足的是什么，以及你经常忽略哪些方面。

	工作	睡眠	家庭	健康	朋友
第一周					
第二周					
第三周					
第四周					
第五周					
第六周					
第七周					
第八周					

规划一个以休息和放松为主题的假期，无论是乘坐一艘邮轮去游玩，还是去一趟水疗中心，甚至是短途旅游。

跟珍妮·朱恩保持一致，确保在睡前三小时没有高强度的运动或吃一顿大餐。

家　庭

在家庭和工作之间设定明确的界限。我们和工作形影不离，没有人在你工作时为你设定界限，你需要自己设置，然后坚持下去！

如果你正在考虑像鲁思·泽夫或布丽吉特·丹尼尔等一样，

与家庭成员一起工作，请在这样做之前仔细考虑利弊，因为在涉及家庭时总会有更多的利害关系。

如果你的原生家庭没有健康的成员关系，或者你与家人所在的地理位置相隔太远，请尝试灵活变通，去社区或宗教寻求"家庭"。

请记住，家庭决定等同于你的决定。你不必过多解释、质疑自己的选择，或对任何事情感到内疚。

如果你是一个在家照顾家人的家长，那就像拉穆亚·库马尔那样在点滴中寻找快乐，天真一点儿，享受重温童年的时光。

健　身

让健身成为更具社交性的活动是一个好主意。上课，和朋友一起散步，和你的伴侣一起锻炼，就像詹妮·约雷克那样，或者用 inKin 让别人激励你。

听从健身专家托尼·霍顿的建议，并设定一个长期目标，每天使用小目标帮助你逐渐实现长期目标。减肥、马拉松或重获健康都是一步步开始和结束的。

布莱恩·帕特里克·墨菲的主张是你需要找到一个让健身变得有趣的社区，这样你就更有可能坚持下去！此外，为了最佳的健康和状态，请注重你的饮食。

请记住，"健身"包含许多与健康有关的事物：心理健康，情感健康，压力水平，成瘾恢复，心怀意念。健身不仅仅是在健身房举杠铃。因此，请不要忽视一切与健康有关的问题。

蒂姆·鲍尔说得好，他说所有的健身目标都需要"理由"让你保持动力。如果"理由"与自爱相关，那么你就更有可能长期坚持下去。

记录你的健身活动，或将其记录在应用程序上，确保自己的心里有数。

朋　友

苏珊·麦克弗森建议你保证每天和几个朋友寒暄一下，哪怕只是发一条打招呼的短信。

如果你在新的城市，有新工作或新情况，科技可以帮助你结交新朋友，并让你与现有的朋友保持联系。

与朋友一起合作要小心。我不是说这样不行，只是想让你仔细思考，做好计划：如果事情进展不顺利要怎么做。

你需要积极主动，找到志同道合的人，无论是报名参加课程、参加聚会、当志愿者、加入组织，还是看两分钟手机！

如果友谊已经变质或者你是在自说自话，那就结束它吧。感谢它出现在你的生活中，然后结束、翻篇。生命太短暂，道不同不相为谋。

通过在 Instagram 或推特上提醒我，@兰迪·扎克伯格，
打上标签 #pickthree#，让我知道你的进展。

欢迎采用一种新的方式来构建你的生活——基于你的决
定，你的选择，你的选三样。我希望它对你也有用。记住我送
你的饯行俳句，不谢!

平衡? 不适合我

我宁愿不平衡

为了梦想而努力

你无法拥有一切

至少无法在同一天完成

我? 我只选三样

不管我选择了工作、

朋友、健身、睡眠还是家庭

我为自己做主

致 谢

我知道我刚刚用一整本书来告诉你要选三样，但我不可能只挑选三个人来感谢。

工作：非常感谢 Dey Street 团队，这是出版界最好的团队！现在特别感谢丽莎，我的死党，社交媒体策划人和三本书的创意来源，以及一直以来真正推动我来写选三样这本书的编辑阿里莎·施维默。还要感谢：林恩·格雷迪、安娜·蒙塔古、本·斯坦伯格、肯德拉·牛顿、海蒂·里克特、塞丽娜·王、勒娜特·德·奥利维拉和穆塔兹·穆斯塔法。

睡眠：谢谢安德鲁·布劳尔，我的文学经纪人——知道我那最有爱心、最聪明的代理人在我身边，我晚上可以安然入睡。

家庭：感谢我的丈夫布伦特·托里斯基，他现在已经把我当作一个创作无数的潜心写作者。我的儿子阿舍和西米每天都会激励我。我的公婆玛拉·托里斯基和埃伦·托里斯基彻夜帮我复制手稿。我自己的母亲凯伦·扎克伯格果敢而真实，为了这本书允许我采访她。

合拍：为了这本书，在短短几周的时间内采访 40 多人真是一种挑战，但我非常感谢那些给我时间并向我敞开心扉的好人，我愿意以诚恳、真实和开放的态度分享他们的故事。我笑过，也哭过，我学到了很多东西。谢谢！

朋友：我很幸运能有像密友一般的同事们。我很感激吉姆·奥古斯汀、史蒂夫·安德森、艾玛·朋德里（艾伯）、杰西·冈萨雷斯、阿拉纳·赖温，以及琼斯工作室的整个团队，感谢他们全程陪伴我。

娜塔莎：我要特别感谢你，娜塔莎·赖温，感谢你成为女孩梦寐以求的最佳拍档、研究者和同事。从在韩国酒店休息室的写作伙伴到多次 FaceTime 交谈、编辑采访内容，没有你，就没有这本书！谢谢！

参考文献

介 绍

1. Helliwell, John, Richard Layard, and Jeffrey Sachs, "World Happiness Report 2017." http://worldhappiness. report /wpcontent/uploads/sites/2/2017/03/HR17–Ch7.

2. Hydzik, Allison, "Using lots of social media sites raises depression risk," University of Pittsburgh Brain Institute, February 1, 2018. http://www.braininstitute.pitt. edu/using–lots–social–media–sites–raises–depression–risk.

3. "Instagram ranked worst for young people's mental health," Royal Society for Public Health, May 19, 2017. https://www.rsph.org.uk/about–us/news/instagram–ranked–worst–for–young–people–s–mental–health.html.

4. McCarriston, Gregory, "26% of Americans say a negative internet comment has ruined their day," YouGov,

September 7, 2017. https://today.yougov.com/
news/2017/09/07/26-americans-say-negative-internet-
comment-has-rui/.

工 作

5. "What is tall poppy syndrome?" Oxford Press.
http://blog.oxforddictionaries.com/2017/06/tall-poppy-
syndrome/.

6. Deane OBE, Julie, "Self-Employment Review,"
February 2016. https://www.hudsoncontract.co.uk/
media/1165/selfemployment-review-jdeane.

7. "Glassdoor Survey Finds Americans Forfeit Half of
Their Earned Vacation/Paid Time Off," Glassdoor, May 24,
2017.https://www.glassdoor.com/press/glassdoor-survey-
finds-americans-forfeit-earned-vacationpaid-time/.

8. Hewlett, Sylvia Ann and Carolyn Buck Luce, "Off-
Ramps and On-Ramps: Keeping Talented Women on the
Road to Success," Harvard Business Review, March 2005.
https://hbr.org/2005/03/off-ramps-and-on-ramps-
keeping-talented-women-on-the-road-to-success.

9. Fishman Cohen, Carol, "Honoring Return-to-Work

Dads," iRelaunch, February 1, 2018. https://www.irelaunch.com/blog-fathers-day.

10. Eytan, Ted, "The Art of the Walking Meeting," TedEytan.com, January 10, 2008. https://www.tedeytan.com/2008/01/10/148.

睡　眠

11. Geggel, Laura, "Watch Out: Daylight Saving Time May Cause Heart Attack Spike," LiveScience, March 7, 2015.https://www.livescience.com/50068-daylight-saving-time-heart-attacks.html.

12. Potter, Lisa Marie and Nicholas Weiler, "Short Sleepers Are Four Times More Likely to Catch a Cold," University of California San Francisco, August 31, 2015. https://www.ucsf.edu/news/2015/08/131411/short-sleepers-are-four-times-more-likely-catch-cold.

13. Nathaniel F. Watson, MD, et al., "Recommended Amount of Sleep for a Healthy Adult: A Joint Consensus Statement of the American Academy of Sleep Medicine and Sleep Research Society," Journal of Clinical Sleep Medicine,November 6, 2015. https://aasm.org/resources/

pdf/pressroom/adult–sleep–duration–consensus.

14. Feldman, Amy, "Dozens of Upstart Companies Are Upending the $15–Billion Mattress Market," Forbes, May 2, 2017. https://www.forbes.com/sites/amyfeldman/2017/05/02/dozens–of–upstart–companies–are–upending–the–15–billion–mattress–market/#5f472a617da3.

15. Weiler Reynolds, Brie, "2017 Annual Survey Finds Workers Are More Productive at Home, and More," FlexJobs, August 21, 2017. https://www.flexjobs.com/blog/post/productive–working–remotely–top–companies–hiring/.

16. Howington, Jessica, "Survey: Changing Workplace Priorities of Millennials," FlexJobs, September 25, 2015. https://www.flexjobs.com/blog/post/survey–changing–workplace–priorities–millennials/.

17. "1 in 3 adults don't get enough sleep," Center for Disease Control and Prevention, February 18, 2016. https://www.cdc.gov/media/releases/2016/p0215–enough–sleep.html.

18. Weiler Reynolds, Brie, "6 Ways Working Remotely Will Save You $4,600 Annually, or More," FlexJobs,

February 1,2017. https://www.flexjobs.com/blog/post/6-ways-working-remotely-will-save-you-money/.

19. "Driving Tired," Discovery: Mythbusters. http://www.discovery.com/tv-shows/mythbusters/about-this-show/tired-vs-drunk-driving/.

家　庭

20. Rubin, Rita, "U.S. Dead Last Among Developed Countries When It Comes to Paid Maternity Leave," Forbes, April 6,2016. https://www.forbes.com/sites/ritarubin/2016/04/06/united-states-lags-behind-all-other-developed-countries-when-it-comes-to-paid-maternity-leave/#3491954a8f15.

21. "Reclaim Your Vacation," Alamo, February 1, 2018. https://www.alamo.com/en_US/car-rental/scenic-route/vacation-tales/vacation-shaming.html.

22. Stephanie L. Brown, et al., "Providing Social Support May Be More Beneficial Than Receiving It," SAGE Journals,July 1, 2003. http://journals.sagepub.com/doi/abs/10.1111/1467-9280.14461.

第三章：你自己的选三样

23. Etkin, Jordan and Cassie Mogilner, "When Multitasking Makes You Happy and When It Doesn't," Harvard Business Review, February 26, 2015. https://hbr. org/2015/02/when-multitasking-makes-you-happy-and-when-it-doesnt.

24. Staats, Bradley R. and Francesca Gino, "Specialization and Variety in Repetitive Tasks." http:// public.kenan-flagler.unc .edu/Faculty/staatsb/focus.